海獣学者、クジラを解剖する。

海の哺乳類の死体が教えてくれること

田島木綿子
国立科学博物館

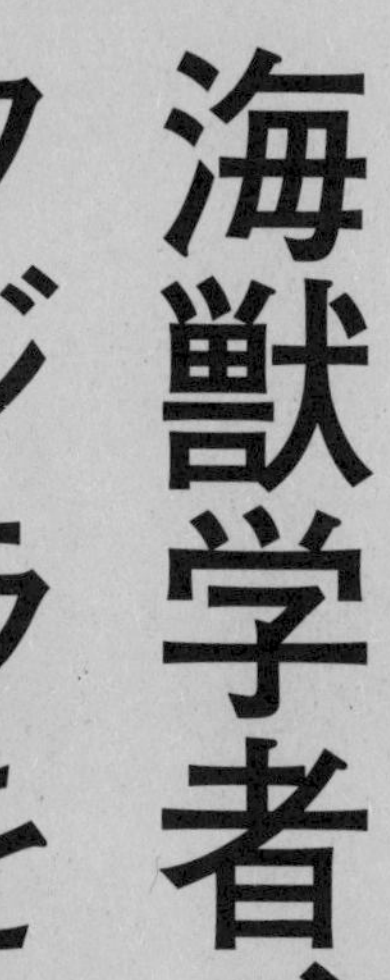

山と溪谷社

海獣学者の汗まみれな現場

マッコウクジラ（全長14メートル）の骨格標本（国立科学博物館）

静岡県大須賀の海岸に打ち上がったマッコウクジラを聴診する

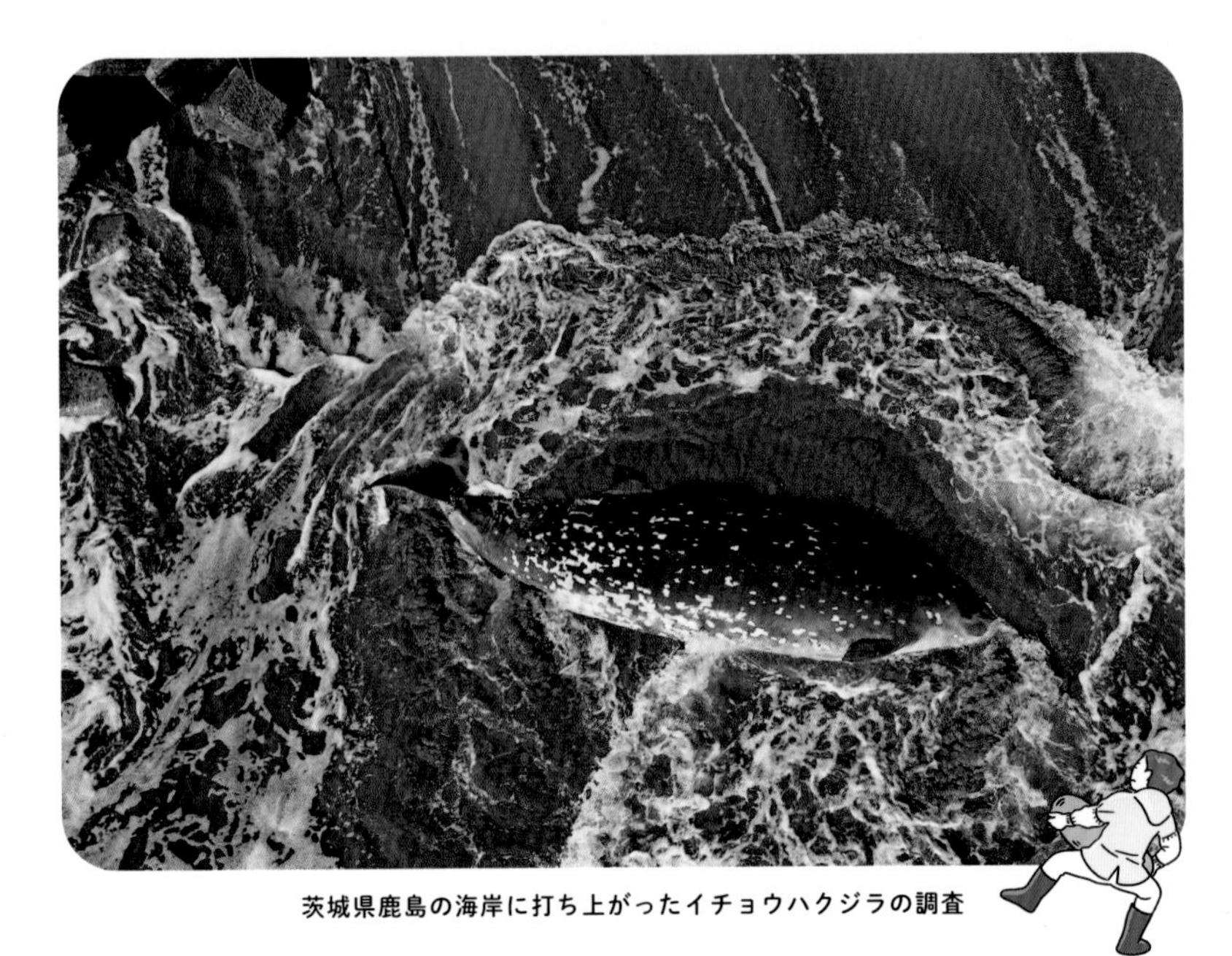

茨城県鹿島の海岸に打ち上がったイチョウハクジラの調査

江の島海岸に打ち上がったシロナガスクジラの赤ちゃんの調査

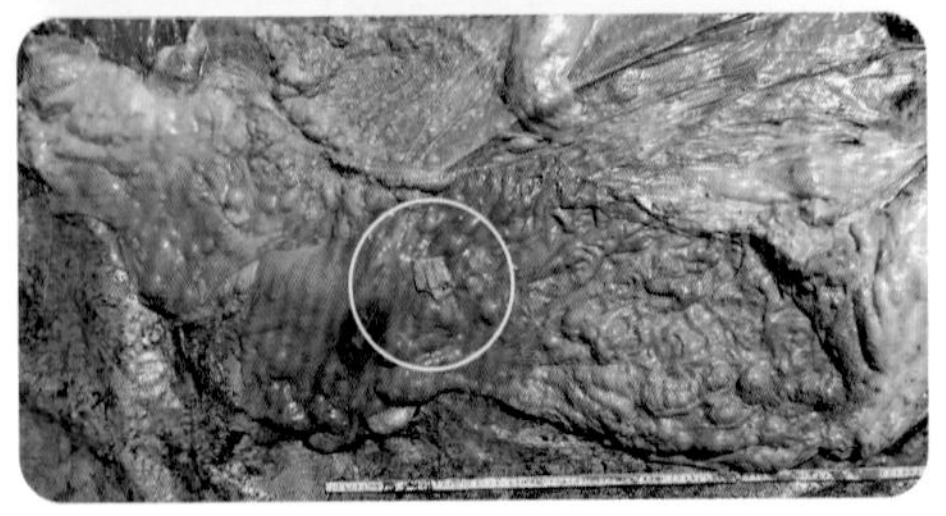

赤ちゃんクジラの胃からビニール片が見つかった

大型クジラを運ぶのは大変。クレーンで吊り上げているところ

ノンコで引っ張りながらクジラ包丁で分厚い皮膚を剝く

強靭なクジラヒゲ。これでプランクトンを濾し取って食べる

標本作業中の様子。陸の哺乳類専門の
川田伸一郎氏（左）と著者（右）

解剖に集中すると血も
臭いも気にならない

クジラの頭骨は立てて保管する
ほうが収納しやすい

イルカのマスストランディング。生きている個体は海に戻す

北海道の羅臼町で流氷に閉じ込められたシャチの調査

ミナミアフリカオットセイ。Bull が岩に登って威容を見せつけている

キタゾウアザラシ。アザラシには
耳介（耳の張り出し）がないのが特徴

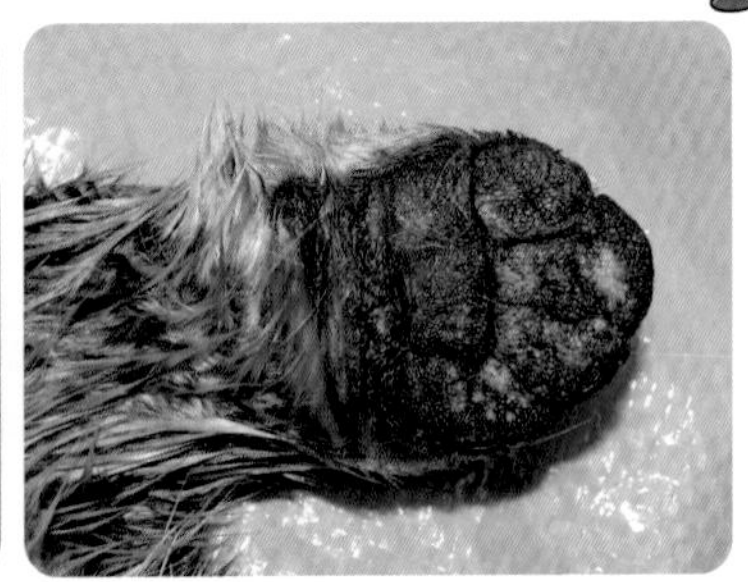

じつはラッコには肉球があり、
餌をつかむのに役立っている

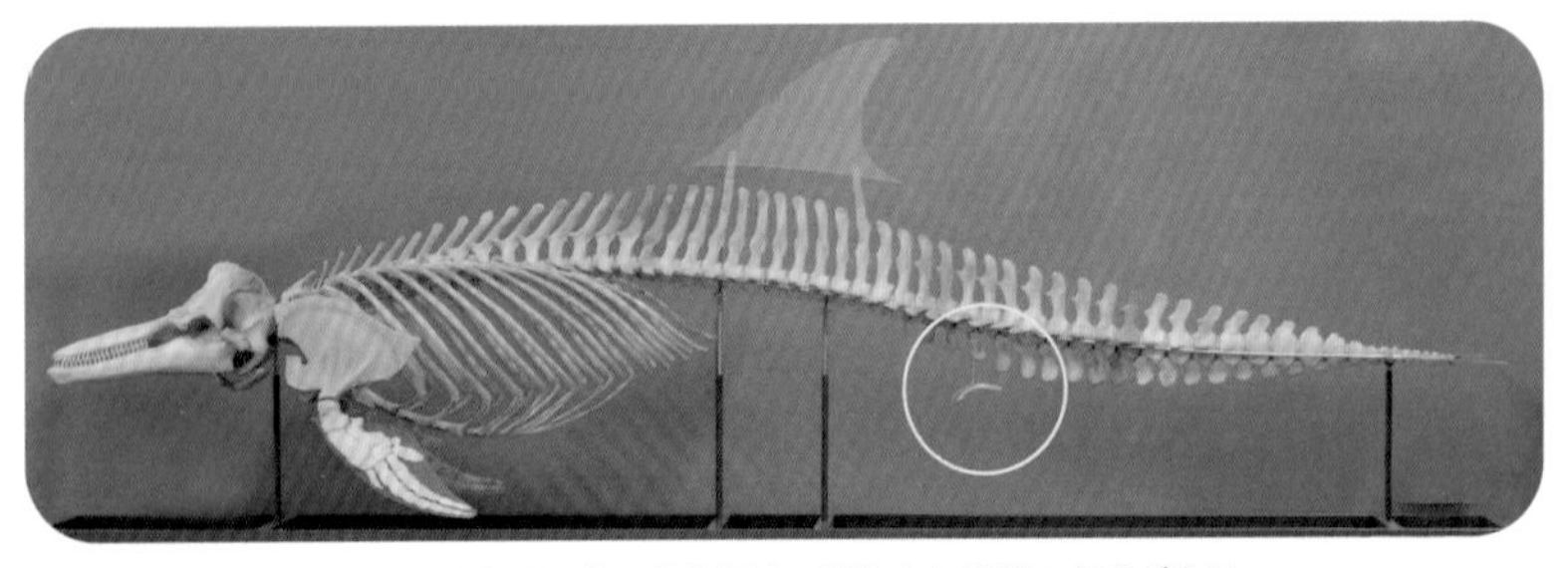

ハンドウイルカの骨格標本。退化した骨盤の名残がある

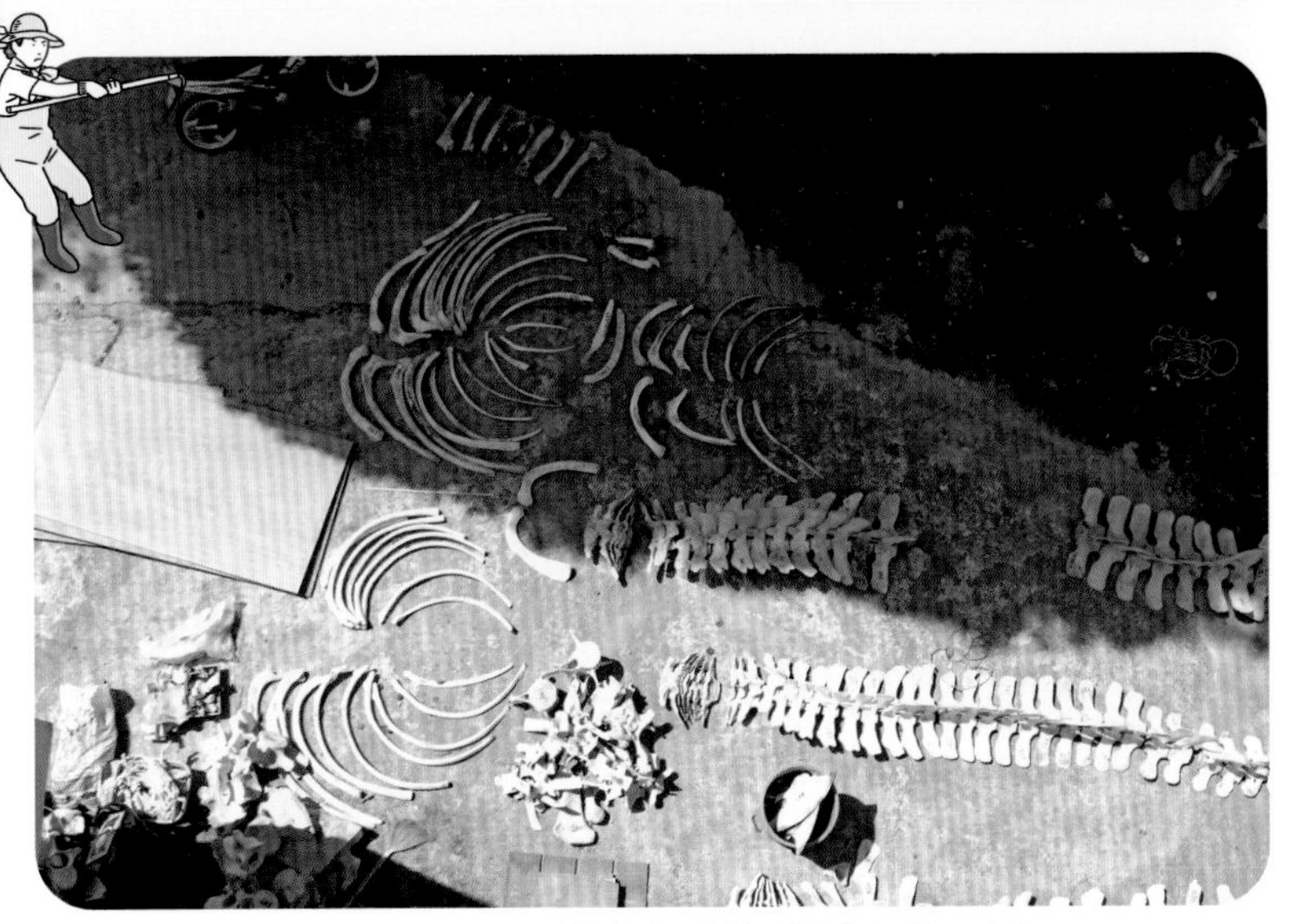

タイでカツオクジラの骨格標本の計測・整理をお手伝いする

ミャンマーでツノシマクジラの頭骨を計測する

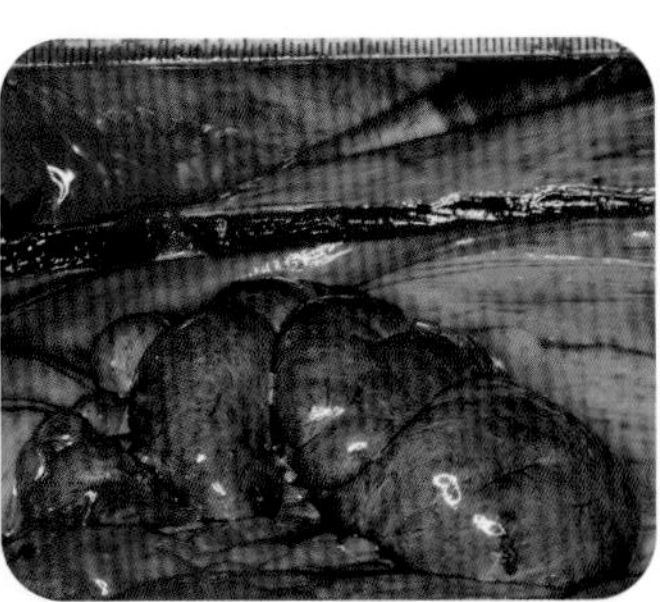

ハナゴンドウの脾臓。
陸の哺乳類と比べて丸っこい！

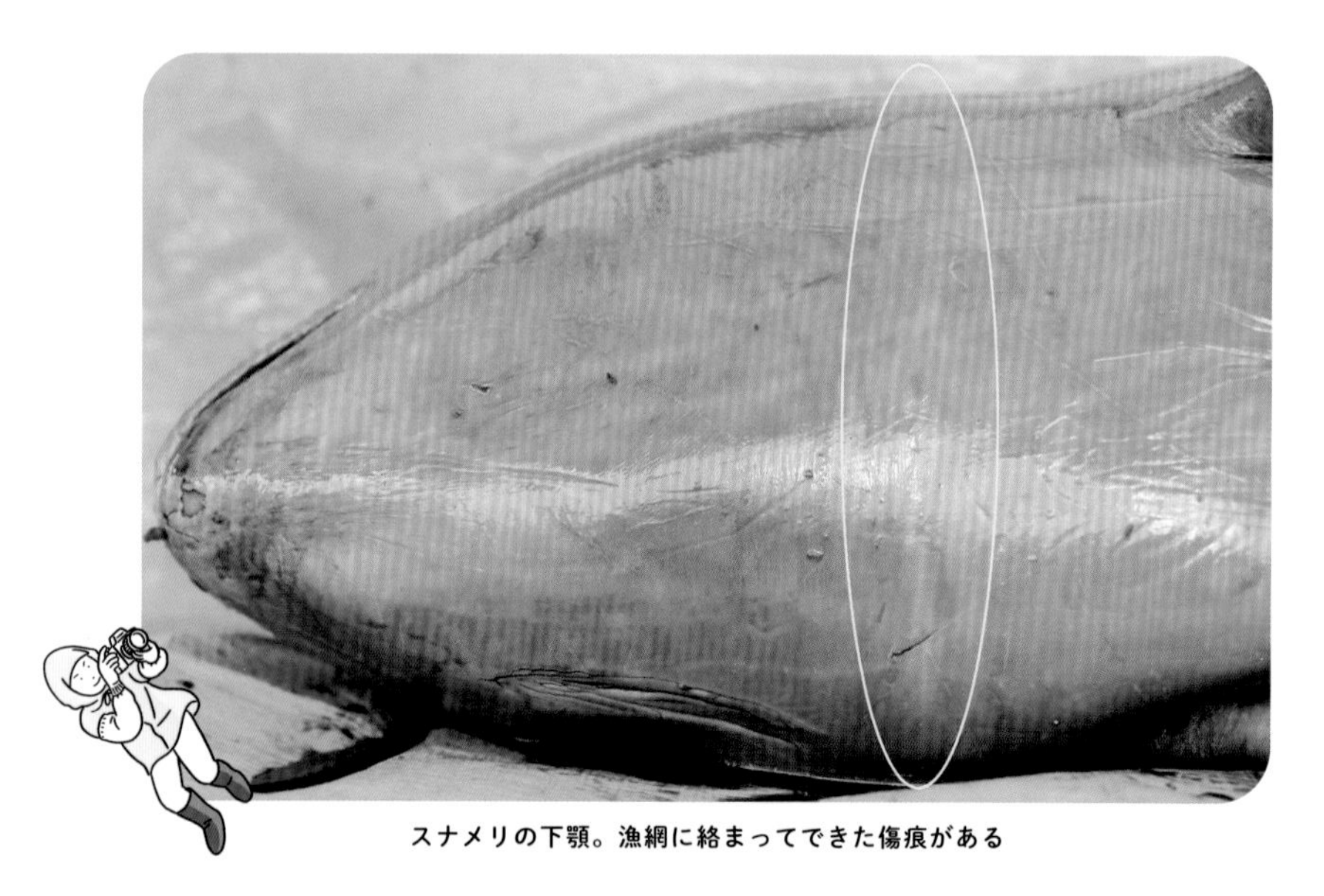

スナメリの下顎。漁網に絡まってできた傷痕がある

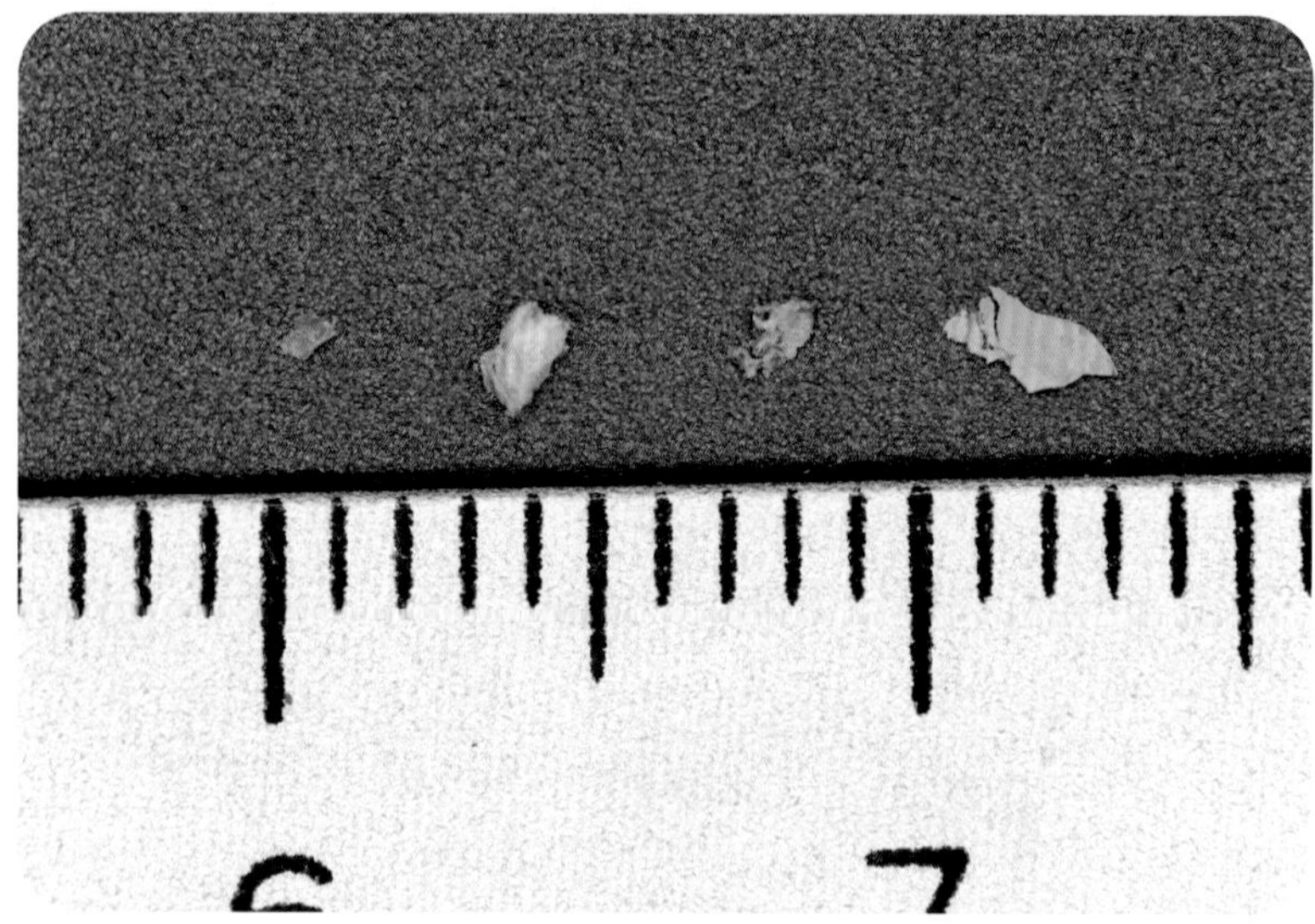

新種のクロツチクジラの胃からも海洋プラスチックが見つかった

海獣学者、クジラを解剖する。

海の哺乳類の死体が教えてくれること

はじめに

「えっ？　マッコウクジラで熊本に？　今じゃないといけないの？」
電話口から、家族の心配と呆れが混ざった声がする。
「もちろん、今じゃないとダメなんだなぁ。これが不要不急といわれてしまうと、博物館人として、研究者としての私の存在そのものが不要になってしまう！」

２０２０年3月末、世界中が未曾有のパンデミックの第一波襲来で騒然としていた最中、私は熊本県天草市の本渡港にいた。この前日、巨大なマッコウクジラが湾内の浅瀬に座礁して死亡し、私の勤務する国立科学博物館の筑波研究施設（茨城県つくば市）へ調査の応援要請がきたのである。

ちょうど日本では、最初の緊急事態宣言の発令が検討された時期だった。

感染予防は万全だったものの、正直なところ、見えないウイルスの脅威に不安はあった。それでも、私にはやるべき使命があった。ちなみに、博物館の運営に関わる人々は、責任と誇りを持って自らを「博物館人」と呼ぶことがある。

クジラなどの海洋生物が、浅瀬で座礁したり、海岸に打ち上げられる現象を「ストランディング（stranding＝漂着、座礁）」と呼ぶ。テレビのニュースなどで見たことのある方もいるだろう。

ストランディングは、決して珍しい出来事ではない。クジラやイルカなどの海の哺乳類（海獣）に限っても、国内では年間300件ほどのストランディングが報告されている。つまり、毎日のように全国どこかの海岸にクジラやイルカが打ち上げられており、大半は海に戻れないまま命を落とす。死体で漂着するケースも多い。

そうした海の哺乳類の死体を解剖し、死因やストランディングの経緯を究明すること、そして100年、200年先まで博物館の標本として保管することが、現在の私の仕事である。

大荷物を背負い、本渡港にたどりつくと、港は見物に来た人たちでごった返していた。人々の視線の先には、体に数本のロープがかけられ、沖に流されないよう繫留（けいりゅう）された巨大なマッコウクジラが横たわっていた。

「確かに大物だ！」

関係者の話では、体長16メートル、推定体重65トン。体長は「奈良の大仏」の高さに、体重は大型のアフリカゾウ約10頭分に匹敵する。地元の自治体や研究チームだけではとても対応できないことから、国立科学博物館にも連絡が入ったのだ。

私たちにとっても、これほど大型のマッコウクジラを調査できる機会は滅多にない。すぐにでも調査を始めたかったが、この日は日曜日であり、本格的な調査は、翌日まで待たなければならなかった。

夜が明けて、クレーン車で吊り上げられたマッコウクジラの姿は、立派なフォルムをしたオスの個体であった。しかし、見とれているヒマはない。私たちに与えられた時間はわずか1日のみ。1日でこの巨大なクジラを解剖調査し、可能な限りの標本採集を行わなければならないのだ。

「では、みなさん、始めます！」

私たちはいっせいに調査に取りかかった。

＊

こうした活動を、私は国立科学博物館で20年以上も続けている。その間に調査解剖した個体数はのべ2000頭を超える。一般の方を招いたイベントでは、同僚から「田島さんは、世界一クジラを解剖している女性です！」と紹介されるのだが、正直、世界一かどうかは定かではない。ただ、国内の女性としてはおそらく1番かなと自負する。調査や研究に没頭しているうちに、気づけば、ちりが積もって山となっていた感じだ。

なにしろ、北海道の海岸にオットセイが漂着したと聞けば、飛んでいって調査し、近隣の海岸でイルカの死体が発見されたと聞けば、1人で回収することもしばしばである。

実際にこんなことがあった。体長2メートル弱のスナメリ（小型のイルカ）の死体がある海岸で見つかり、地元の水族館から連絡が入った。

先方の話では、「現場近くに梱包して静置しておくので、あとで回収に来てください」とのことだった。

経験上、2メートル弱のスナメリであれば、1人で車に乗せて持ち帰ることができる。しかも、すでに梱包されているならば、運搬しやすいように水族館の方々がヒモの位置などを工夫してくれているはず、と算段した。比較的近い場所だったこともあり、レンタカーを借りて一人現場へ向かった。

車を止めて砂浜を見下ろすと、人影のない広い砂浜にポツンと、ブルーシートに包まれたものが置かれていた。「きっとあれだ」。こうした光景を目にするたびに、心の奥がチクッとする。どうして打ち上げられてしまったのか、と。最近はとくに涙もろくなって、目がうるうるしたりする。

しかし、スナメリに近づいて実物を見た途端、別の驚きで涙も一気に引っ込んだ。体長は確かに2メール弱だったが、体高が異常に高い。妊娠している可能性もあり、そうなるとおなかの胎児の体重も加わって重量級となる。

何度か持ち上げようと試みたが、とても1人で車のトランクに乗せられそうにない。「困ったな」と途方に暮れていたとき、遠くのほうからこちらへ向かって歩いてくる女性2人の姿が見えた。まさに地獄で仏だ。

「すみませ〜〜ん！　ちょっと、ちょっとよろしいでしょうか!!」

と、両手を振りながら叫ぶ。何ごとかと駆け付けてくださったお二人に、国立科学博物館の職員証を見せながらお願いする。

「あの、この海岸にイルカが打ち上がっていたので、博物館に持ち帰らなければいけないんです。車のトランクに入れたいのですが、予想外に大き過ぎてですね、1人ではとても持ち上げることができなくて……。何とか、手伝っていただけないでしょうか……」

最初は2人とも、かなり怪しんでいる様子だった。今から思えば、きれいに梱包された2メートル弱の物体を見れば、人の死体を連想してもおかしくない。私は必死だった。

「あっ、この包んだものは、決して怪しいものではありません。ここの海域に棲息するスナメリというイルカの一種なんです。あの、泡のリングを吐くので有名な……。本当ですよ。なぜ死んでしまったのかを調べたいので、どうしても博物館へ運びたいんです」と、畳みかけるように説明した。

すると、お二人のうちの1人が「そういえば……」とスナメリの名前を思い出し、死体が打ち上がっているのも見たことがあるとのこと。スナメリの知名度に助けられ、警察に通報されることなく、無事この個体を回収することができたのだった。

＊

クジラやイルカをはじめ、アザラシ、ジュゴン、マナティといった海の哺乳類は、私たちヒトと同じ哺乳類でありながら、進化の長い歴史において、やっとこさ海から陸上生活を営み始めたにもかかわらず再び海へ戻っていったことがわかっている。

彼らは、なぜ、陸を捨てて海を選んだのだろう。

海での暮らしに適応するために、どんなふうに進化していったのだろう。

そして、なぜ海岸に打ち上がるのだろう。

大海原で暮らす海の哺乳類は、陸の哺乳類と比べて調査自体が難しく、生態や進化についても未だわかっていないことが多い。

だからこそ、一つ一つの死体から聞こえる声に耳を澄ます。

本書では、私の20年の研究生活をもとに、海の哺乳類の生態を紹介するとともに、ストランディングの謎についても可能な限り迫ってみたい。

1章では、海獣学者のある意味では奇妙な研究生活について、2～3章では、一生に一度あるかないかの貴重なシロナガスクジラとの遭遇や、クジラの不思議で巧妙な生き方、クジラたちのストランディングの理由、現場でどのように死因を探っていくのか、についても紹介していく。

4～6章では、イルカの泳ぎの秘密や、シャチが催すお見合いパーティー、アザラシとオットセイの見分け方、ジュゴンとマナティのベジタリアンな生活など、海の哺乳類たちの工夫を凝らした生き方についてたっぷり書いた。そして最後の7章で、死体が教えてくれる地球環境の現状や変化についてもご紹介したい。

調査現場に立つと、いつも思う。

なぜこのクジラは死ななければならなかったのだろう。

その原因に私たちの生活は影響しているのか、だとすれば私たちにできることは何だろう、と。

その答えを見つけるために、私は日々、クジラの解剖を続けている。

本書を通じて、みなさんに海の哺乳類たちのあふれんばかりの魅力と、彼らの死体から私が受け取ったメッセージをお届けできたら嬉しい。

田島木綿子

もくじ

1章 海獣学者の汗まみれな毎日

2章 砂浜に打ち上がる無数のクジラたち

3章 ストランディングの謎を追う

4章 かつてイルカには手も足もあった

5章 アザラシの睾丸は体内にしまわれている

6章 ジュゴン、マナティは生粋のベジタリアン

1章

海獣学者の汗まみれな毎日

山積みのオットセイとの出合い

ある日、いつもお世話になっている水族館の獣医さんから、申し訳なさそうな雰囲気で連絡をもらった。理由を尋ねると、

「飼育中に死んだオットセイたちの死体を、ずっと冷凍庫に保管してきたのだけど、定年前に処理しなければならないことになった。どうしたもんだろう」

という。

私は即答した。

「ぜひ、うちで引き取らせてください！」

オットセイの死体を欲しがる人間など、世の中にそういないだろう。しかし、私にとっては夢のような宝物であった。

私の勤務する国立科学博物館（以下、科博）には、さまざまな生物の標本が保管・展示されている。私の専門である海の哺乳類だけでも150種、8000個体もの標

本があるが、当時はオットセイのような「鰭脚類」の標本は少なく、ちょうどその数を増やしたいと考えていたところであった。

鰭脚類とは、海に棲息する哺乳類のうち、「アシカ科」「アザラシ科」「セイウチ科」の3科で構成される動物群である。このうち、オットセイは「アシカ科」に分類される。

水族館では、愛らしいショーで観客を魅了する人気者のオットセイだが、彼らもいずれ死を迎える。その死を無駄にしないためには、死体に秘められた貴重な情報を調査して標本と共に未来に残すことが、博物館の重要な使命の一つであり、私と水族館の獣医さんとの願いでもあった。

獣医さんは、私の申し出をとても喜んでくださった。すぐにでも、茨城県つくば市にある科博の研究施設へ搬送したい思いだったが、「では、明日トラックで受け取りに行きます！」とはいかないのが、魚類や昆虫などとは違うところである。

オットセイは、臘虎膃肭獣猟獲取締法（明治45年公布）により管理されている動物種なので、水族館で飼育したり、水族館から他の機関に譲渡したりする際は、水産庁の許可が必要となる。死体も例外ではない。このときも、定法に従って事務手続きを済ませ、2ヶ月の期間を経て、やっとオットセイの受け入れが許可された。

オットセイを乗せたトラックの到着

獣医さんが20年以上にわたって水族館の冷凍庫に保管していたオットセイの死体の総数は、なんと100体以上！　予想を超える数に大興奮したのも束の間、大きいものは体長2メートルにも及び、国立施設の科博でも、すべてを受け入れるほど冷凍庫に空きスペースがないことが判明。泣く泣く一部をあきらめ、それでも約80体を受け入れることができた。

　オットセイを山積みにしたトラックが、科博の筑波研究施設へ列をなして入ってくる様子は壮観だった。それを見ながら、「さて、これらをどう活用するか」と胸は高鳴った。

オットセイは、鯨類と違って被毛（毛皮）があるため、一つの死体から、被毛と骨格の二つの標本が得られる。私たちはこれを「両取り標本」と呼ぶ。

冷凍庫をいつまでも、オットセイで占拠するわけにはいかない。まずは2メートル級の大型個体を優先的に処理し、毛皮がしっかりしている個体は、はく製（獣毛はく製標本）にすることにした。もちろん、私たち科博のスタッフが作製するのである。

いざ、オットセイの「はく製」づくり決行！

別の仕事に追われているうちに、あっという間に時は過ぎ、オットセイのはく製づくりに着手したのは、受け入れからすでに2ヶ月も経っていた。

正直、言い訳をつくって先延ばしにしていたところもある。なにしろ、オットセイほど大きな動物のはく製をつくるというのは、かなりの大仕事で、「今日こそ決行するぞ！」という強い思いで臨まないと、途中で心が折れてギブアップしかねないのだ。

さらに、オットセイなどの鰭脚類は、皮下に豊富な脂肪層があり、そこから毛皮を剥(は)ぐことが陸の哺乳類よりも手間のかかるところなのである。

動物のはく製は、用途に応じて二つに大別できる。生きていたときの姿（生態）を表現したものは「本はく製」と呼ばれ、博物館などの表舞台に展示される。一方、私たち研究者が作製するのはもっぱら研究用で、こちらは「仮はく製」と呼ばれる。

いずれの場合も、作製の第1段階は被毛を剝くことから始まる。つまり、オットセイの毛皮を剝いでいくのだが、これには一定の技術が求められる。

専門の業者さんによると「刃物を入れる箇所を最小限にして、セーターを脱がせるように毛皮を剝くのがコツ」とのこと。実際に業者さんは、見事な手さばきで、きれいに毛皮を脱がせていく。これならオットセイも、あの世で納得してくれるだろう。でも、そんな達人になるには、いくつもの個体を経験し、何年もの修業が必要だ。

素人はとにかく、その動物の特徴的な部位（顔、耳、肛門、四肢など）にためらい傷をつけたり、一部だけ切り取ってしまったりといったケアレスミスをしないように、細心の注意を払いながら丁寧に作業を進めていくことで精一杯である。なるべく被毛に皮下脂肪を残さないことも重要なポイントだ。被毛に脂肪が残っていると、カビが発生したり、虫が湧いてしまったりする可能性が高くなり、せっかくつくったはく製が見るも無惨な状態になってしまうことがあるのである。

さらに、被毛を剝く作業は、体力と根気が要求される。2メートル級の大型のオットセイともなれば、皮剝きだけで半日はかかる。その間、ずっと同じ姿勢を保ちながら、メスで被毛を剝いていると、指は折れ曲がったまま元に戻らなくなり、腕が腱鞘炎になることもある。陸の哺乳類を担当する博物館の同僚は、この作業のし過ぎでいわゆる「テニス肘」と病院で診断されてしまったほどである。首や腰の負担も大きく、翌日は全身筋肉痛を覚悟しなければならない。繊細な作業でもあるため、長時間の集中力も求められ、精神的な疲弊もかなりのものだ。

その分、被毛を剝き終えたときの達成感はひとしおである。ビールで乾杯し、そのまま爆睡したい気分だが、次の作業が待っているのでそうもいかない。

剝いた被毛は、皮下側に粗塩や岩塩をまんべんなくまぶし、4℃の室温下で数日から1週間静置する。皮膚は多くの水分を含んでいるため、浸透圧作用を利用して、できるだけ水分を取り除き、乾燥した時の収縮を防ぐのである。私はこの工程を勝手に「塩蔵」と呼んでいる。

被毛から十分水分が抜けたら、今度は10パーセントのミョウバン液に1週間ほど漬け込み、被毛の柔軟性を保つ。この処理は「なめし」と呼ばれ、はく製づくりの要の一つである。ミョウバンに漬けたあとは、いよいよ縫い合わせに入る。こうした一連の作業工程を経て、やっと、はく製が出来上がる。

はく製づくりを生業としている業者さんは、このなめし作業の技術がものすごく卓

オットセイの皮に塩を刷り込み（右）、ミョウバン液に漬け込む（左）

越している。プロだから当たり前といえばそうなのだが、思わず頬ずりしたくなるような、非常に柔らかい見事な「なめし毛皮」が出来上がる。人間のご婦人が着る高級毛皮のコートやハラコ（牛の胎児の皮）の靴と同じレベルの仕上がりなのである。

　私たちが同じように粗塩やミョウバン液に漬けて処理しても、たいていゴワゴワした剛毛のはく製になってしまう。その道のプロというのが、一瞬にして出来上がるものではないことを実感する。

　そもそも、私たちがつくっているのは研究用のものなので、手ざわりが多少悪くても、毛皮の状態や、その動物の特徴が保持されていれば問題ない。しかし、はく製の作製を続けるうちに、たとえ研究用であっても、毛のやわらかさや顔のかわいらしさといった作品性を追求したくなるから不思議である。

それは私に限ったことではなく、研究者の間では、お気に入りのぬいぐるみを自慢し合う子どものように、はく製が出来上がると、作品の出来栄えを自慢し合うのが通例である。

オットセイの他、アザラシやアシカ、ラッコ、ホッキョクグマなど、被毛を持つ海の哺乳類であれば、はく製を作製できる。一方、被毛を持たないイルカやクジラ、ジュゴン、マナティをはく製にすることはとても難しい。作製できたとしても、本物とかけ離れたものになってしまう。クジラやイルカのはく製がほとんど存在しないのはそうした理由からである。

標本は博物館の命

国立の研究博物館が掲げる主な使命は、「標本収集」「研究」「教育普及」の三つである。

このうち、最も根幹となるのが「標本収集」だ。標本がなければ、「研究」や「教育普及」を行うこともできない。たとえるなら、食材のないレストラン、生徒のいない学校である。博物館にとって標本こそ命といえる。

ところが、海の哺乳類については、標本を集めることがきわめて難しい。必要な調査・研究を目的とした場合であっても、人間の都合で捕獲したり採取したりすることはとても困難なのだ。

そのため、現在では、基本的に海岸に打ち上がる個体（ストランディング個体）を、標本や研究に活用することが、世界の共通認識となっている。だからこそ、後ろで述べるように、国内のどこかでクジラやイルカなどの死体がストランディングしたという情報が入ると、すべての作業を投げ打って、現場に駆けつける必要がある。

他にも、公的に害獣駆除された個体を入手したり、水族館で飼育していた死亡個体をいただいたりすることがある。しかし、前記したオットセイのように一度に80体ものイルカを確保できることはそうそうない。

そもそも、「そんなにたくさん必要なの?」と疑問に思う人もいるだろう。普段からよく、1種類の動物につき、数体の標本で十分ではないのか、という質問をいただく。もしそうなら、私の仕事も相当ラクになる。しかし、残念ながら数体レベルでは、研究対象としてはとても足りない。

1種類の動物のある特徴を知るには、最低30体は研究や調査に供する必要があるといわれている。その種を特徴づける肋骨（ろっこつ）や歯の数、頭骨の形を数値化した平均値、子どもを産む年齢、寿命、大人の平均的な体長といった基本情報の他、その種がどのような生き方をし、暮らしているのか、他の生物との共通性や違いはどのようなところにあるのかなどを理解するうえでも、情報は多ければ多いほど正確性を増すというものだ。

繰り返しになるが、標本となる海の哺乳類と出合う機会は、陸の哺乳類と比べてとても少ない。だからこそ、出合える貴重な機会を生かして、できる限りの標本を回収し、保管するように努めることで、さまざまなことに活用できる。

標本と一口にいっても、作製の方法によっていろいろ種類があり、主に次の三つがある。

乾燥標本：骨格標本、はく製標本など

乾燥標本には、骨格からなる「骨格標本」と、前記したオットセイのように被毛を剥いて生きていた頃の姿を再現する「はく製標本」などがある。

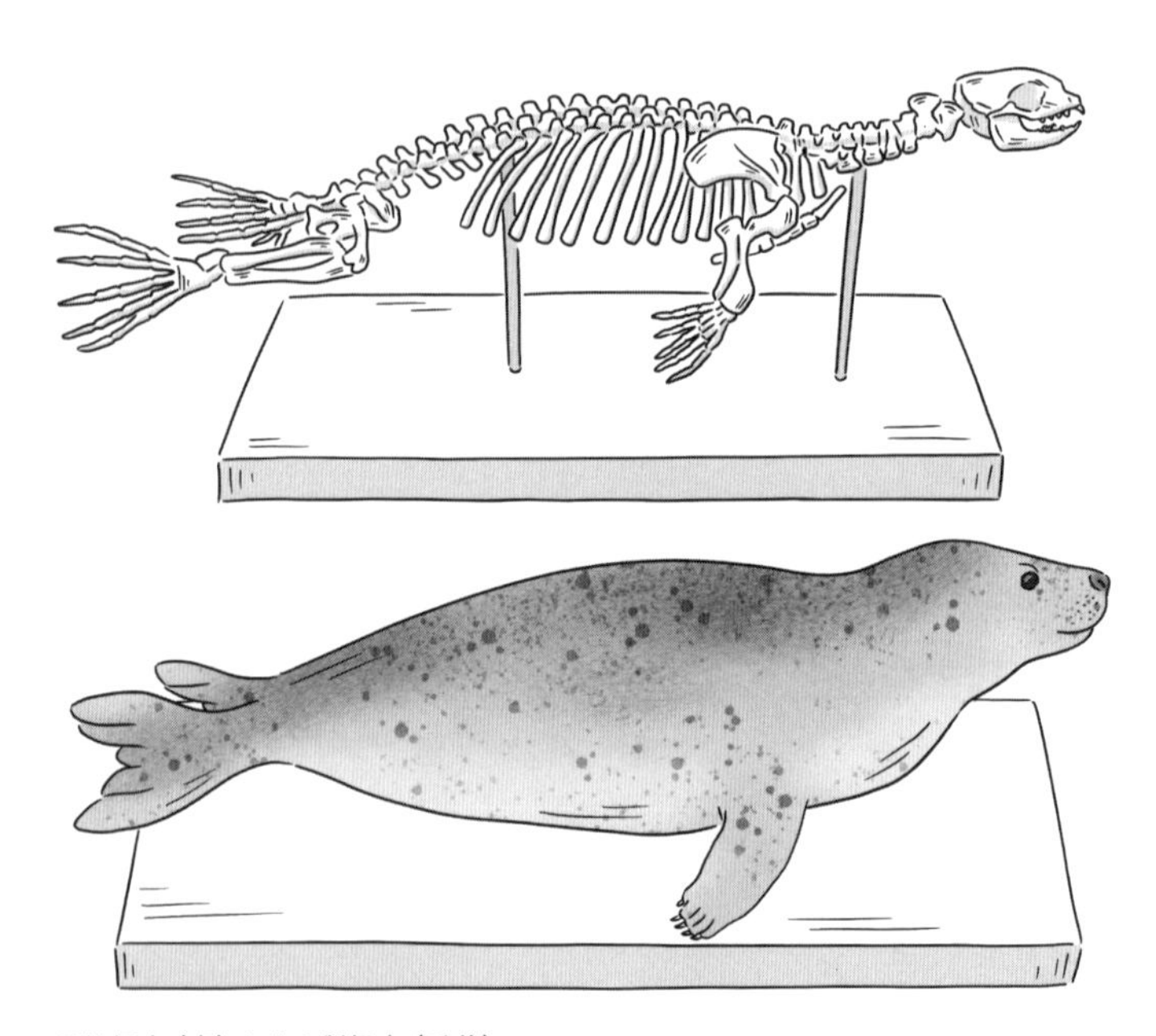

骨格標本（奥）とはく製標本（手前）

なぜこのような標本をつくるかというと、たとえばマッコウクジラやシャチの骨格標本があれば、肋骨や骨盤骨からは哺乳類である証が見て取れる。一方、背骨や舌骨からは、哺乳類でありながら、彼らだけが獲得した特殊性を見ることができるのだ。

はく製標本では、たとえばアザラシやアシカのはく製を調べることで、親子で毛色が違う理由は何かを追い求めることができる。ラッコのはく製からは、動物界一の密度を誇る毛並みの構造を観察することができる。ちなみに、ラッコは年を取ると人間と同じように頭部から毛色が白く変色していく。そうした標本を幼体（子ども）から成体（大人）まで収集し、並べて比較することで、これまでの記録や情報がより正確であることを確認できるし、その成果を博物館の展示を通じて多くの人にわかりやすく伝えることができる。

冷凍標本：マイナス20〜マイナス80℃で保管する標本

人間社会が生み出した化学物質は、環境汚染物質、内分泌かく乱物質として生物を脅かし続けている（7章参照）。そうした物質を特定するために、ストランディングした個体の筋肉や皮下脂肪、臓器を冷凍し、専門機関で分析している。さらに、すぐに調査できないストランディング個体はいったん冷凍し、日を改めて調査することもしばしばで、科博の冷凍庫にはさまざまな動物の死体が冷凍保存され、その日を待っている。

液浸（えきしん）標本：液体に浸けて保管する標本

博物館には、分類学や系統学を専門とする研究者が多い。海の哺乳類も、表皮や筋肉を99パーセントアルコールに浸し、分類学や系統学の館内外の研究に活用される。特定の生物が「何を食べるのか」「何歳で子どもを産むのか」といった情報を知るための研究も基礎生物学として重要で、胃から採取した餌生物の残渣や生殖腺を液浸標本として保管している。液浸標本は冷凍標本として保管することもできるが、冷凍機器を使うコストパフォーマンスを考えると、永続的に保管するのは難しい。そのため、液浸標本として常温保管できるものは、そのようにしている。

この他、最近は3DやCTのデジタル資料、さらにそれを3Dプリントしたものが標本として扱われることも増えた。時代の流れに伴って、標本の種類や形態も変化している。

「鯨骨スープ」の臭いにまみれる

水族館から譲渡された約80体のオットセイの多くは、「骨格標本」を保管させていただいた。

骨格標本づくりは「骨を煮る」ことで出来上がる、しごく単純な工程である。煮る前に、骨格から筋肉をできるだけ取り除き、あとは水を張った容器で、ひたすら煮続けるのである。煮る容器は、長時間加熱できるものであれば何でも構わない。豚骨スープをつくる寸胴でも、シチューを煮るスロークッカーでも大丈夫だ。

しかしながら、ちょっと自慢をすると、じつは科博には、海の哺乳類の骨格を煮るための秘密兵器がある。特注の晒骨機という代物だ。

晒骨機は、もともと医学部で人間の骨格標本を作製するために開発された装置であるらしい。そのため、普通の加熱機器とは違って温度調整や蓋の開閉が自動制御できる。しかも、科博の晒骨機は、体長5メートル前後のオウギハクジラの骨まで煮ることができるように設計されているのが特徴だ。

5年前に、私の前

晒骨機で煮られる骨

任である山田格先生の尽力で新規1台を導入し、現在は1台は陸の哺乳類用、もう1台は海の哺乳類用として使用している。

そんな貴重な機器だが、私たちは普段〝なべ(鍋)〟と呼んでいる。このあと、なべという言葉が出てきたら、「ああ、あの特注の晒骨機のことだな」と思っていただきたい。

さて、しごく簡単な骨を煮るという方法だが、海の哺乳類の場合は少し工夫が必要だ。最初は人肌(37℃前後)で1~2週間煮て、動物性タンパク質を分解する。その後、今度は油脂成分を抜くために約60℃前後に温度を上げ、さらに1~2週間煮る。

つまり、骨を煮る作業だけで、最短2週間かかる。

海の哺乳類の骨は、骨の内部に海綿質(スポンジのようにやわらかい網目状の組織)が多く、小さな穴がたくさん存在する。その穴に油脂成分が大量に溜まっているため、時間をかけて煮込み、油脂成分を骨からしっかり取り除くことが、骨格標本の〝質〟を高める最大の決め手となる。

油脂成分が十分に抜けたら、煮汁を捨てて骨を取り出し、最後に高圧温水洗浄機やブラシを使って洗浄する。細かいところに残っている筋肉や油脂を取り除くのである。

私はこの骨洗い作業が大好きだ。洗っているうちに、骨の表面が見る見るキレイに

高圧温水洗浄機で洗うとみるみるキレイな骨になる

なり、淡黄色からクリーム色に変わって、本来の美しい骨肌を呈してくる。それがとても嬉しく、芸術的な美しささえ感じるのである。同僚にいわせると、高圧温水洗浄機を使っているときの私の姿は、ホースの扱い方といい、腰の入れ方といい、あまりにもさまになっていて「高圧温水洗浄機専属のCMモデルになれる！」という。そんな言葉にも乗せられて、最後の洗浄部分は率先していつも引き受けるのである。

洗い終わった骨は、常温で乾燥（風乾）させることにより、さらにその質感が増して美しい仕上がりとなる。最近は、骨格標本の見た目の美しさやフォルムの優雅さが、美術的観点からも注目されていて、美術館や芸術関係の出版社から貸し出しや撮影の依頼をいただくこともある。私の見立ては間違っていなかったのかもしれない!?

骨格標本づくりは、晒骨機で煮る以外にも、虫（カツオブシムシなど）に軟部組織を食べてもらう方法や、適切な場所に年単位で埋設し、再発掘する方法などもある。

科博では、海外の事例なども参考にしながら、エアレーション（ナノやマイクロの泡が出る装置をなべに設置して細かい泡と共に酸素を送る方法）や有機物分解酵素なども追加し、よりよい骨格標本にすべく骨格標本作製方法を改良してきた。

カツオブシムシが骨に残った組織を食べているようす

ところで、骨格標本をつくるときに「骨を煮込む」と聞いて、ラーメンの豚骨スープを思い浮かべた人も多いだろう。

スタッフの間でも、新鮮なクジラの個体を煮た煮汁であれば、鯨骨ラーメンがつくれるかも、と冗談交じりに話すことがあるが、新鮮個体であっても、そのニオイを嗅いだ限りでは、決して美味なスープとは思えない。

まして、腐敗個体の煮汁は、冗談でもスープの話をする気が起こらないほど、凄まじいニオイがする。それはもう、絶対に口にしてはいけないことを警告するニオイである。

骨格標本づくりをした日は、頭のてっぺんから足の先まで、この煮汁のニオイまみれになる。必ずシャワーを浴びないと、通常の生活には戻れない。とはいえ、腐敗の進んだストランディング個体を病理解剖するときに比べれば、たいしたニオイではない（50ページ参照）。

海の哺乳類は体重がハンパじゃない

標本づくりは体力勝負でもある。

海の哺乳類の骨格は、基本的にどれも重い。骨格標本をつくる場合、その重い骨格をなべに入れ、煮上がったらなべから出し、一つ一つキレイに洗ったあと、乾燥させる場所まで慎重に運び、乾燥が終わったら収蔵場所までまた慎重に運ぶ。この一連の作業は、かなりの体力を要する。

液浸標本の運搬では、標本の重さに液体の重さが加わるので、さらにハードだ。両手に1個ずつ20リットル（20キログラム）のホルマリン漬けの標本容器を持って歩くことなど日常茶飯である。

搬送されてきたストランディング個体を冷凍庫に保管する作業も、かなりの重労働となる。

とくに、2020年以降は、新型コロナウイルスの感染症対策のために複数のスタッフが集まって解剖調査することができなくなったため、1人の負担が増している。先日も、体長2・5メートルのイルカ15個体を、わずか数人で冷凍庫の中に積み上げた。マイナス20℃の冷凍庫での作業は、寒さとの戦いでもあり、体力自慢の私も音を上げそうになる。

海の哺乳類は、おそらくみなさんの想像以上に重い。

オットセイが水族館でショーをしているいる姿を見ていると、女性1人でも、ちょっと

オットセイ１頭の体重は白鵬２人分!!

頑張れば抱っこできそうな印象がある。ところがドッコイ、オットセイの体重は、お相撲さんのレベルをはるかに超えている。

たとえば、横綱の白鵬は、身長192センチメートルで、体重158キログラムだが、体長2メートルのオットセイは約300キログラムで、白鵬2人分ほどの体重に相当する。

オットセイにかかわらず、海の哺乳類は総じて体重がハンパじゃなく重い。水中に戻って重力から解放された結果、自分で体重を支える必要がなくなり、陸上にいた頃よりのびのびと大きく成長できるようになったからであろう。

体長1メートル程度のかわいいラッコも、大人になると体重は40キログラムを超える。犬でいえばドーベルマン（オス）レベルだ。

そして海の哺乳類は、そのパワーも凄まじい。

水族館でラッコの世話をしている飼育員さんに聞いた話では、ラッコと遊んでいるときに水の中へ引っ張られると、生命の危険を覚えることもあるという。ラッコは「水の中で遊ぼうよ」と無邪気に誘っているだけなのだが、その力がハンパではないらしい。

海外の水族館では、セイウチを担当していた飼育員さんが、水中でじゃれついてきたセイウチを振りほどくことができずに溺死したケースが報告されている。セイウチの体重は1トン（1000キログラム）を超えるため、ベテランの飼育員さんも命がけである。

では、地球上で最大の哺乳類のシロナガスクジラは、いったいどのくらい体重があるのか、知りたいところである。

シロナガスクジラの下顎の骨は、1本で約280キログラムあるという記録がある。

しかし、体があまりにも大きいため、全身の正確な体重を測定した記録はじつはちゃんとは存在しない。大き過ぎて1回で体重を測定できる機器がなかったのだ。

参考値としては、捕鯨が盛んに行われていた時代、分割したクジラのパーツの重さを足して算出された数値が残されている。それによると、体長28〜30メートルのシロナガスクジラで、150〜190トンと記されている。大型のアフリカゾウが7トン程度なので、アフリカゾウ20〜30頭分に相当する。

科学的なデータが揃った事例としては、2018年に私も参加した国内初のシロナガスクジラのストランディングの調査がある（66ページ参照）。

このときのシロナガスクジラは、生後数ヶ月の乳飲み子だったが、体長10・52メートルで、体重は約6トンと推定された。メディアの方たちが口を揃えて、「この大きさで生後数ヶ月の赤ちゃんですか！」と驚いていたことを記憶している。

体長10メートルというと3階建てのビルに相当する。体重はアフリカゾウ並みだ。これが乳飲み子ということは、母親はどれほどの大きさなのか、想像するだけで身震いしたのを思い出す。

大型クジラは内臓も破格の大きさ

クジラは、内臓の大きさも尋常ではない。

カナダの王立オンタリオ博物館に展示されているシロナガスクジラの心臓は、高さ1・5メートル、幅1・2メートル、厚さ1・2メートルで、重さは約200キログラムに及ぶ。これは2014年に発見されたシロナガスクジラの心臓を、約3年かけて実物大のプラスチネーション標本（組織の水分と脂質を樹脂に置き換えてつくられた標本）にしたものだ。

大型クジラでは心臓以外の臓器も、スペシャルな特大サイズである。たとえば、私の経験では、16メートル級のマッコウクジラを調査解剖した際、心臓から血液を体に送る大動脈は、消防車が消火に使うホースくらいの太さであった。内臓が収容されている胸腔や腹腔も、四畳半（？）くらいのスペースがある。ディズニーのアニメーション映画『ピノキオ』でゼペットじいさんが飲み込まれてしまうクジラの王様・モンストロはマッコウクジラ（原作の小説ではサメ）だが、本当にゼペットじいさんはおなかの中で生活できたのかもしれない、と思ってしまうほど巨大な空間だ。これがシロナガスクジラだったら、タワーマンション並みの暮らしができ

ゼペットじいさんの話もあり得なくない（？）ほどの大きさ

るかも、と妄想は広がる。

マッコウクジラといえば、以前こんなこともあった。

海岸にストランディングしたマッコウクジラの頭部の重さを測るため、40トンまで計測できる機器を装備したクレーン車を用意した。このときのマッコウクジラは成熟したオスで、体長16メートル、体重50～60トン（推定）だった。

マッコウクジラは胴体よりも頭部が圧倒的に大きいのが特徴だが、頭部だけなら40トンは測定できるクレーン車の秤を用意すれば余裕だろうと誰もが思ったのだ。ところが、まさかの重量オーバーで測定不能。クレーンと頭部の位置関係にも問題があったようであるが、頭部の重さが、私たちの想像をはるかに超えていたことになる。人間の想像力の限界を思い知った出来事であった。

大型クジラの場合、肋骨や椎骨（ついこつ）も、たった1本でさえ、人間が1人で運ぶのは相当困難である。そうした標本の重みを感じつつ、同時に、こんな巨大な動物が、自分と同じ時代に生きている喜びに心が震える。

絶滅した恐竜などと違って、今このときも巨大なクジラたちは確かに海の中で生きている。大きな肋骨を動かしながら肺呼吸をし、巨大な心臓から太い血管に血液を巡らせ、大きな椎骨を連動させて悠々と大海原を泳いでいる。そのことに感動を覚えずにはいられない。

一人でも多くの人が、博物館などで本物のクジラの骨や心臓を間近で見て、その大きさを体感していただければ嬉しい、といつも思う。百聞は一見に如（し）かずで、本物に勝るものはない。心臓一つ見るだけでも、クジラの圧倒的な大きさを実感できる。博物館で標本を展示する意義の一つはここにある。

とはいえ、科博には、大型クジラの骨の標本はあっても、内臓の標本はまだまだ数が少ない。できれば先の心臓などを実物大で作製し、収蔵・展示したいのだが、予算や製作場所の関係で、クジラのような大きな内臓の標本を作製するのは難しいのが現状だ。

前述したオンタリオ博物館の心臓標本のニュースを知ったときは、悔しさとともに、また一つ博物館人としての目標ができた瞬間でもあった。

ストランディングは突然に

私の研究室では、毎週水曜日にスタッフ総出で博物館業務を行っている。博物館業務とは、標本にまつわる作業である。標本を作製し、整理し、管理する。本人の研究に関係しない標本であっても、博物館として保管・管理する標本は膨大であり、そうした作業を水曜日に総出で行っている。

それ以外の日は、おのおの自由に自分の研究や業務に専念している。私の場合でいえば、標本の作製や管理・研究に勤しむ他、論文の執筆や事務方へ提出する書類の作成、各種データベースの作成などのデスクワークにも時間を費やす。その合間に会議に出席したり、標本の観察に訪れた来客者の対応をしたり、さらにはメディアの取材を受けることもしばしばだ。

しかし、1本の電話で、そうした日常は一変する。ストランディングの一報だ。ストランディングというのは、「はじめに」でふれたように、クジラやイルカなどの海の哺乳類が、海岸に打ち上げられる現象である（詳細は3章参照）。

ストランディングの発生は予測不能だ。いつ、どこで、どんな種類の海の哺乳類がストランディングするのか、報告が入るまで誰にもわからない。私が学生の頃、ドラマの主題歌で『ラブ・ストーリーは突然に』という曲が流行ったが、まさに「ストランディングは突然に」なのである。

スタッフの誰かが「最近ストランディングの連絡が来ないねぇ」と口走ると、不思議とすぐ電話が鳴る、というジンクスもある。

ひとたびストランディングの報告を受けると、すべての作業を即中断し、その対応に取りかからなければならない。なぜなら、ストランディング調査は、時間との勝負だからだ。

海の哺乳類は、死体で漂着する場合が多く、時間が経てばその個体の腐敗が進み、病理解剖が難しくなる。さらに悩ましいのは、死体で漂着したり、漂着したあと死んでしまった海の哺乳類については、地元自治体の判断で粗大ごみとして処理して構わないことになっていることだ。

海岸に打ち上げられたクジラやイルカは、関心のない人にとっては、ただの悪臭を放つ厄介物として扱われがちである。しかし、先にお話ししたように、死体には貴重な情報がたくさん詰まっている。一つでも多く回収し、調査・研究することで、ストランディングの原因だけでなく、これまでわかっていなかった生物としての基礎情報などを一つ一つ解明していく手掛かりを得ることができる。だからこそ、粗大ごみとして処理される前に、その場に駆けつけて調査する段取りを整える。

まずは「誰から」電話がかかってきたのかによって、初動は大きく変わる。電話の相手はさまざまである。ストランデ

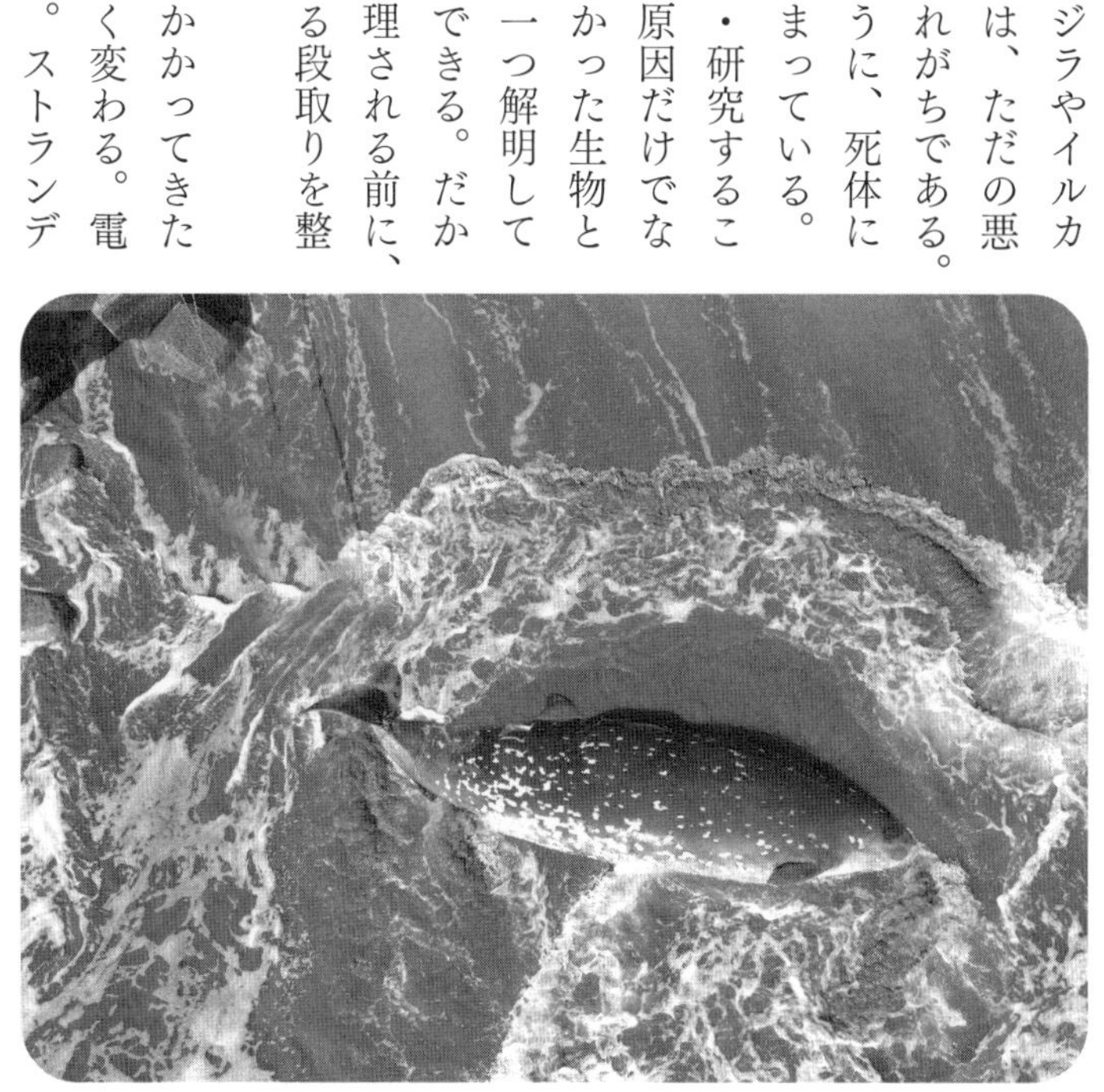

海岸に打ち上げられたイチョウハクジラの死体

ィングの起こった海岸の地元自治体の職員、博物館・水族館のスタッフなどの場合が多いが、たまたま海岸を訪れて発見した一般の方から直接連絡をいただくこともある。いずれにしても、先方がストランディングについて、ある程度の知識や経験を持っていれば、事はスムーズに進む。

とくに、博物館や水族館のスタッフなら話は早い。電話のやりとりだけで、どのような種が、どのような状態で浜辺に打ち上げられ、今現在どのような状況にあるのかを教えてもらえるので、だいたいのことを把握できる。

電話の相手が一般の方であっても、科博に直接連絡をくれたということは、ストランディングについて多少なりとも関心のある方が多い。そのため、打ち上げられた個体の種類まではわからなくても、個体のだいたいの大きさ、背ビレの有無、顔の特徴などを聞いて、できれば個体の写真をメールで送っていただくようにお願いする。これでかなりの情報が得られる。

最も繊細な対応を心がけるのは、地元自治体の方である。ストランディングのよく起こる地域は別だが、初めて経験した地域であれば、粗大ごみとして処理されないように丁寧に説明し、私たちの調査活動への協力をお願いする。

私の自己紹介を兼ねて、長年ストランディング個体の調査を博物館活動として継続していること、そしてそこから何がわかるのか、なぜ調査しなければならないのか、などをしっかり説明させていただく。

幸いにして地元の理解が得られ、写真で種が同定でき、ある程度の現状がつかめたら、その瞬間から今度は私の頭の中で〝ストランディングそろばん〟がはじかれ始める。つまり、予算の見積もりである。

それと並行し、現地調査へ行くことのできる人のリスト（科博スタッフだけでなく、全国のネットワークを駆使して経験者に打診）の作成から、調査道具や作業着の準備、運搬方法、飛行機やレンタカー、宿泊先の手配など、瞬時に判断して行動に移さなければならない。

出発前の準備はまさに戦場だ。午前中に電話が入り、その日の夜には調査現場近くの宿泊施設にいることもしばしばである。それでも最近は、博物館の車を使えるようになった分、移動はラクになった。

私がこの活動を始めた頃は、電車で現場まで向かうのが当たり前だった。2001年3月に、オウギハクジラが日本海側で1週間に12頭ストランディングしたときも、調査道具をパンパンに詰めた大きなリュックサックを背負い、両手に重い工具箱とバケツを持って、指がちぎれそうになりながら満員電車を乗り継いで行かなければならなかった。

これは私たちにとって大変なだけでなく、周りの乗客にとっても迷惑千万である。ひたすら「すみません」と連呼しながら移動したものだ。夜行バスや寝台列車での移動も珍しくなかったが、荷物を持ち歩かずにすむだけで、天国に思えた。

調査後の温泉施設で異臭騒動

現場でのストランディング調査は、ニオイとの闘いでもある。

海岸に打ち上がったクジラやイルカの死体は、刻々と腐敗が進んでいく。死後まもない個体なら、家庭で魚をさばくときに経験するような血生臭さ、あるいは内臓のニオイがする程度だが、腐敗が進んだ個体からは、それはそれは恐ろしい強烈なニオイがする。

「臭い、臭い」といいながらも、解剖でひとたびその腐敗個体にふれれば、自分も同じ穴のムジナである。全身にニオイがまとわりついて、私たち自身も同じニオイの発生源となる。ゾンビに噛まれてゾンビになるが如し、である。

そのため、調査がいったん始まると、途中で現場を離れることはほとんどできない。

感染対策としてマスクや手袋を着用し、食料も含めて、必要なものは事前に準備しておくが、唯一、回避できないのがトイレである。

さすがにその場ですますことは無理なので、近くの公衆トイレをお借りすることになる。もちろん、肉片や血のついたカッパ、長靴、手袋などは外し、周囲にニオイがつかないよう細心の注意を払う。それでも、解剖中に顔や髪の毛に飛び散った血しぶきに気づかぬまま公衆トイレへ入り、驚かれることもしばしばである。

さらに、調査を終えて帰るときも、異臭問題はまだ続く。博物館の車で帰ると

解剖調査中の出で立ち

きは問題ないが、調査地が遠方の場合、ホテルに宿泊することがある。この場合は、トイレの比ではないほどニオイ対策に神経をすり減らす。

ホテルへ入る前に、カッパなどは密閉度の高い袋に入れ、衣類も着替え、手をしっかり洗い、顔についた諸々のしぶきも拭き取り、髪の毛には除菌消臭剤を「これでもか！」というくらい振りかける。

それでも、完全にニオイは取れない。そのため、チェックインのときは、ニオイを分散するために1人ずつ時間差でホテルへ入るようにしている。エレベーターに乗るときも同様だ。

調査を終えた直後に、飛行機で帰るときはもっと大変である。かりに着替えもせず、そのまま飛行機に乗ったら、異臭騒ぎで離陸できなくなるのは間違いない。そもそも、搭乗手続きの時点で完全にアウトだろう。そのくらいのニオイなのである。

では、どうやって飛行機で帰るのかというと、飛行場へ行く前に、地元の温泉施設でニオイと汚れを洗い流すのだ。じつは、ここでも一悶着ある。

ホテルにチェックインするとき同様、事前にニオイ対策をしてから受付をすませ、女湯へ向かうのだが、温泉施設というのは脱衣所にも湯気が充満している。その湯気に乗って、私たちの体に染みついているニオイが、脱衣所中に拡散し始めるのだ。

そのため、周囲の人が気づく前に、脱衣所でも必ず分散して位置取りをし、素早く衣類を脱ぎ、洗い場へ移動する。それでも異臭騒ぎが頻繁に起こる。

異臭を感じた人たちは、まずロッカーやごみ箱を確認し始める。おそらく、赤ちゃんのおむつや吐しゃ物がないかチェックしているのだろう。次にトイレのドアを一つ一つ開けて確認する。

施設のスタッフを連れてきて、外から異臭が入るのを防ぐために窓を閉めることもある。「ああ、それは逆効果なのに……」と伝えたいが、自分たちが異臭源だとわかって追い出されると飛行機に乗れなくなる。「どうぞお許しを」と心の中で謝罪しながら、そそくさと洗い場へ急ぐのである。

そうした経験を何度も繰り返すうちに、脱衣所から洗い場までは、息つく暇もないほど迅速に、そしてニオイを周囲に振りまかないために動作は小さくする、といった所作を身につけたのである。

男性スタッフに聞いてみると、男湯で異臭騒ぎが起こったことは一度もないとのこと。驚きである。ニオイを感じるセンサーに性差があるのだろうか。あるいは、嗅覚の問題ではなく、許容度の違いなのだろうか。

私たちの異臭が思い出に変わる日

ストランディングした個体のことを「臭い、臭い」と書いてきた。

しかし正直なところ、私は獣医系の大学出身で、学生時代から陸の哺乳類を解剖する機会が多かったせいか、ストランディングした海の哺乳類の腐敗臭は、それほど気にならない。そもそも、急いで病理解剖をしなければいけないので、気にしているヒマがないのも事実だ。

対象動物に対する感情も、多少関係するのかもしれない。じつは、私は魚貝類や両生爬虫類の腐敗臭は大の苦手である。魚貝類や両生爬虫類が嫌いということではないので、哺乳類への思い入れが強いということだろうか。

逆も然りで、博物館に来館する魚類や両生爬虫類の研究者が、私たちの調査現場にたまたま遭遇すると、「このニオイ、いつまで経っても慣れませんね。みなさんは大丈夫なのですか?」と聞かれることがある。そんなときは、私が哺乳類を愛してやまないのと同様に、その人たちは魚類や両生爬虫類に深い愛情を抱いていることを確信する。

余談になるが、ニオイというのは不思議なもので、一度、ストランディング調査を終えて、新潟県の温泉施設へ行った際、こんなことがあった。

この日は〝脱衣所問題〟を見事クリアし、洗い場できれいに体を洗い終え、湯ぶねにつかり、スタッフとしばしの団らんを楽しんでいた。

すると、一緒に湯ぶねに入っていた地元のおばあさんが、

「あれま、クジラのにおいがするのぉ、なぜだろうねえ」

とつぶやいた。

これを聞いて、他のスタッフと顔を見合わせ、まだニオイが残っているのかと焦った。そのときふと、自分の手に貼ってある絆創膏（ばんそうこう）が目に入り、「これか！」と思わず叫んでしまった。

その日は、クジラを病理解剖している際に、刀で手を少し切ってしまい、絆創膏で応急処置をしたのだが、すっかり忘れて、そのまま湯ぶねに浸かっていたのだ。絆創膏に鼻を近づけて見ると、確かにわずかであるが腐敗臭がする。そこから漏れ出たニオイに、おばあさんは気づいたのだろう。

盲点だったと反省しつつも、この異臭をクジラのニオイといい当てたおばあさんの嗅覚に感動した。

ニオイというのは遠い昔の祖先から持っている感覚で、そのニオイと関係した記憶

をよみがえらせることがある。このおばあさんは、私の絆創膏のニオイから、おそらく昔よく食べていたクジラを思い出したのだろう。いやはや、ニオイとは面白いものだと思った出来事だった。

そう考えると、観光で温泉を訪れた人が、たまたま私たちの異臭に遭遇してしまった場合、その温泉を思い出すたび、異臭も思い出してしまうことになりかねない。これまで異臭騒ぎでご迷惑をおかけした方々には、この場をお借りして深謝したい。あのときのあのニオイは、私たちだったのかもしれません。

今後もストランディング調査は継続するため、私たちの異臭にこのあと遭遇する人も少なくないだろう。最近は可能な限り公用車で移動するようにしているが、いつかどこかでこれまで嗅いだことのないニオイに遭遇した場合、大目に見ていただければありがたい。

そして、「今日、近くの海岸にクジラが漂着したのだろうか」「なぜクジラが海岸に打ち上がるのだろうか」と考えるきっかけになれば、私たちの異臭騒ぎも無駄ではなくなるかもしれない。

再び海へ戻った〝変わり者〟たちに学ぶこと

現在、地球上には約5400種の哺乳類が棲息しているが、そのうち海にすむ哺乳類は、大きく三つのグループに分けられる。

鯨類：クジラ、イルカ、シャチ
海牛類：ジュゴン、マナティ
鰭脚類：アシカ、オットセイ、アザラシ、セイウチ

鯨類と海牛類は海の中でその生涯を過ごすのに対し、鰭脚類は繁殖期を含めて陸上で過ごす時間も長い。また、鰭脚類と同じく食肉目グループに属するホッキョクグマやラッコも、海から離れて生きていくことが難しい哺乳類である。彼らのたどってきた進化の道のりはそれぞれ違うが、現在は海という同じ環境で生きている。

なぜ自分が海の哺乳類にこれほど惹かれるのかと、ときおり自問することがある。クジラの雄大さには、畏敬の念さえ覚え、彼らの愛くるしい顔やしぐさに癒やされる。クジラに関しては、他の追随を許さない圧倒的な大きさが、魅了される理由の一つであることは確かだ。

生物界では大きなオスがモテる、という種が結構多い。じつは、海の哺乳類にたずさわる諸処の関係者は、圧倒的に女性が多いのも事実だ。鳥類を研究している学者では、勇ましい猛禽類や大型鳥類を研究するのは女性が多く、かわいらしい小鳥を研究するのは男性が多いと聞く。

私はクジラやシャチの圧倒的な大きさとその姿の完璧さに一目惚れし、その後、海の哺乳類をより深く知るうちに、見た目だけでなく、彼らの人間性ならぬ〝哺乳類性〟に次第に惹かれていった。すなわち、海に戻ってもなお、哺乳類で居続けるところに、彼らの矜持を感じるのだ。

呼吸のしくみにしても、海へ戻ったのなら、エラで呼吸をするように進化すれば、もっとラクに生きられるのに、海の哺乳類たちは未だに肺呼吸を続けている。

その結果、定期的に必ず海面（水面）へ顔を出し、酸素を取り込まなければならない。泳ぎもままならない生まれたばかりの乳飲み子であっても、母親に導かれて海面へ上がってくる。

また、哺乳類の最大の特徴である子どもを産み、母乳で育てることも、彼らはやめなかった。海の中での授乳は、母と子のどちらにとっても大変だろう。

そう考えていくと、海の中でも哺乳類であり続けることは、過酷さしか見えてこない。それでも、哺乳類であることを貫く彼らにシンパシーを感じる。確固たる意志のもと、哺乳類のまま水中生活を営むことを選択した印象も受けるのである。

海の哺乳類は、その棲息環境を海に移したものの、読んで字のごとく私たちと同じ哺乳類であり、脊椎動物であり、恒温動物でもある。そのため、人間との共通点は非常に多い。

たとえば、海岸に打ち上げられたイルカやクジラを調査していると、外観は魚類に近いが、内臓の構成要素や配置は、イヌやウシ、さらには私たち人間と同じであることに改めて驚く。また、水族館などで生きている海の哺乳類にふれると、恒温動物の証である温もりが伝わってくる。

病気に関しても、イヌやネコ、ウシやブタ、そして人間と同じ病気にかかっていることも多く、ここでも改めて同じ哺乳類なのだと再認識する。

進化の過程で海へ戻っていった彼らは、いわば〝変わり者〟であろう。しかし、なぜ海に戻ったのか、その理由を探ることで、私たち人間をはじめ、陸上の哺乳類を改めて理解することにもつながる。そう信じて、今日も彼らの研究に勤しむのである。

科学博物館の特別展ができるまで

博物館の主な仕事の一つに、展示会の開催がある。

展示会ではテーマやストーリーを考え、保管期間が100年以上になる標本がゴロゴロある収蔵庫や、今では決して手に入らない絶滅した生物の標本が陳列されている棚から、テーマに合った標本を選ぶ。

展示会は科博の研究者たちが日頃の研究成果を一般の人たちに紹介する大切な場でもある。一人でも多くの人たちに、海や陸の生物のことを知ってもらうこと。それによって後進の研究者が育ち、生涯学習にも役立てていただきたいと思っている。

科博の場合は、展示会に「企画展」と「特別展」がある。両者の違いを簡単にいうと、〝規模〟である。企画展は科博の予算で行うのに対し、特別展は企業と共催で行う。当然、後者のほうが予算は潤沢なので、展示会場の広さや、展示する標本数、開催期間のすべてにおいて規模が大きい。

特別展は、基本的に年4回、3ヶ月から半年にわたって開催され、特別展のテーマたとえば昆虫などと違って、自ら採取しに出かけることは不可能である。しかし、海の哺乳類の場合、「今回の展示に必要な標本を取りに行ってこよう」と、自ら採取しに出かけることは不可能である。

そのため、特別展をやるかやらないかにかかわらず、常にストランディングの現場で得た骨格や試料などを、展示できるかどうか見極め、できると判断した場合は、極力、将来的に展示できるような形や情報を整えて、保管するようにする。

特別展を担当することが決まったら、さっそく関係スタッフで集まり、それぞれが胸に秘めていたアイディアを出し合う。これまでの展示にはなかったストーリーや切り口、見せ方の工夫などについて、礎となる案を組み立てる。

「展示の目玉」を何にするかも重要だ。その案をもとに、共催企業の担当者も交えて、ああでもない、こうでもないと検討を重ねる。そうした会議の中、こちらから「こういう面白いテーマやそれに沿った標本があるので、今回はこのテーマで行きませんか」と共催相手に提案することもしばしばである。私はそんな時間がわりと好きである。

特別展などの展示は、始まるまでと終わったあとが一番大変だ。いわゆる設営作業と撤収作業である。

設営のときは、開会式の日程が決まっているので、是が非でもその日に間に合わせオープンさせなければならない。それでも設営中、さまざまなアクシデント、たとえば展示容器が破損してしまう、標本が壊れてしまう、あるコーナーの標本数が思ったよりさみしくて急遽(きゅうきょ)追加が必要になる、逆に多過ぎて入りきらずにやむなく数を減らす、それに合わせて解説パネルも変更するなど、現場で臨機応変に対応していかなければならない。無情にも、時間だけは刻一刻と過ぎていく。

「すみませ〜〜ん、この標本をこちらに移動して、この容器はもう少し右にずらしてもらえますか？」

「その標本はもう少し上に吊したほうが見やすいですね」

「あぁ、つくばにあったあっちの標本のほうがよかった、今から差し替え可能ですか？」

など、標本1体を動かすのも大仕事なので、もうドタバタである。2年も前から準備していたのに……である。

でも、それは少しでもこの展示に来てくださる方々に楽しんでいただきたいという現場一同の思いから、次から次へと楽しくてよりよいアイディアがその場で出てくるためでもある。

いくら事前に会議室で展示会場のレイアウトの図を見ながら話し合いを重ねても、やはり実際に会場に標本を展示し、解説文とあわせてみて初めて、本当に伝えるべきことは何なのか、伝えるためには何が必要なのかが見えてくる。

こうした経験を重ねるうちに、今では日々の調査や研究を行っているときも、「この標本は哺乳類の進化の展示に使えそうだな」とか、「今回の調査はいろいろ大変だったけど、子どもたちに生き物の生態を楽しく伝えられそうな標本が確保できたから、よしとしよう！」といった具合に、調査研究と展示を常に並行して考えることが習慣になっている。

限られた時間と予算の中で、みんなが一丸となってつくり上げた標本をお披露目する特別展の初日、来館してくださった方たちから、

「うわぁ、クジラの骨ってこんなに大きいんだ！」

「セイウチの牙、かっこいい‼」

そんな声が聞こえてくると、それまでの疲れが一気に吹き飛ぶ。はく製の後ろで、「よっしゃ！」とガッツポーズをしていたりするのである。

2章

砂浜に打ち上がる無数のクジラたち

シロナガスクジラとの遭遇

2018年8月5日、うららかな日曜日の夕方のこと。自宅でのんびりテレビを見ていたら、神奈川県鎌倉市の由比ガ浜にクジラの死体が漂着した、とのニュースが流れた。

「えっ！」

お休みモードだった私の脳は、一瞬で覚醒した。ニュース映像でちらっと映ったクジラの姿が、これまであまり見たことのない種類のように思えたのだ。

「もしや、あのクジラでは？」

ある予感が頭をかけめぐる。すぐにクジラの詳細を確認するため、神奈川県立生命の星・地球博物館の研究員である樽創（たるはじめ）さんに電話をした。樽さんは古脊椎動物学および機能形態学の専門家で、クジラなどの海の哺乳類の研究にも従事する方だ。神奈川県内で起こったクジラのストランディングなら、この方に聞くのが一番だと思ったのである。

実際に、樽さんはかなりの情報を得ていた。それによると、同日午後2時頃、海岸を散歩していた人が、沖で漂流しているクジラを発見し、警察へ通報。その後、警察から鎌倉市役所と新江ノ島水族館へ連絡がいき、ニュースが流れた頃には、すでに水族館のスタッフが現場に到着し、浜へ打ち上がっているクジラの写真撮影や現状確認を行っていたことを教えてもらった。

ただ、その日は日曜日ということで、本格的な調査は翌日からになるとのことだった。

樽さんの話を聞いたあと、今度は科博の山田格先生に電話をかけ、今後のことを相談した。とりあえず水族館の方が撮影したクジラの写真を見せてもらい、判断しようということになった。

水族館からメールで届いた写真を見て、「やっぱりそうだ!」と予感が確信になった。子どもの頃から憧れ続けてきた、シロナガスクジラである。本当にそうならば、国内初のシロナガスクジラのストランディング事例となる。

クジラが漂着した由比ガ浜は、自宅から車で行ける距離。「すべては明日、現場へ行ってから」と思いつつも、その夜、以前から予定されていた大学の友人たちとの夕食会の最中も、脳内の〝ストランディングそろばん〟がずっとMAXのスピードで動き続けていた。

実際にシロナガスクジラだった場合の学術調査の段取りや、地元自治体との調整、さらには国内初の出来事に殺到するであろうマスコミの対応まで想定し、自宅へ帰ったあとも、緊張してあまり眠ることができなかった。

翌朝6時前、私はすでに現地にいた。朝6時から、鎌倉市と神奈川県、そして地元の博物館および水族館のスタッフが集まり、このクジラの処理について協議すると聞き、同席させていただいたのだ。

この段階ではまだ、シロナガスクジラであることは同定されていなかった。しかし、胸ビレの形、濃灰青色の地にかすり模様の体色、クジラヒゲ（90ページ参照）の色や形などの特徴から、もはや疑う余地はなかった。これは何としてでも、粗大ごみとして処理されることなく、調査しなければならない。そのためには、神奈川県と鎌倉市の了解を得る必要がある。

海岸に漂着した海の哺乳類は、死体の場合、地元自治体の判断で焼却か埋設するように、国（水産庁）から通達が出ている。しかし、自治体の許可が得られれば、病理解剖したあと、所定の書類を国に提出し、骨格などの標本を学術的に所持することができる。

1章でもお話ししたが、クジラに関心のない人にとっては、海岸に漂着した巨大な海洋生物の死体は、大抵はただの厄介物でしかない。しかも、刻々と内臓の腐敗が進み、凄まじい悪臭を放ち始めるため、自治体には苦情の電話が殺到するだろう。すぐに処分したい気持ちは十分に理解できる。

だからこそ、私たちのような専門家が出向いて、その死体がいかに貴重で価値あるものかをきちんと説明する義務がある。

自治体の方たちとの折衝は慣れているが、このときばかりは、シロナガスクジラに出合えた興奮と、失敗できないプレッシャーで、いつも以上に高いテンションで熱く語った記憶がある。要点は次の三つだ。

①科学的根拠が伴った事例としては、国内初となるシロナガスクジラの漂着個体であること

②ゆえに、可能な限り詳細な学術調査を行って研究に役立てる必要があること

③漂着したシロナガスクジラは幼体であるため、まだ親が近くにいるかもしれず、なぜこの個体が死亡したのかを突きとめることが重要となること

これらを含め私たちの調査活動や目的を、一つずつ丁寧に説明した。自治体の方たちは、私の話に真摯（しんし）に耳を傾けてくださり、無事に県と市の両方から、調査の許可を得ることができた。国内で初めてシロナガスクジラの計測・写真に始まり、病理解剖、各種サンプル採取に至る体系的な調査を実施することが決まったのである。このときの安堵と喜びの入り混じった思いは、生涯忘れないだろう。

一生に一度あるかないかのチャンス

当日の朝、午前7時。快晴である。きれいに江の島が見え、朝の澄んだ空気の中でクジラとの格闘が始まる。

まずは、漂着したシロナガスクジラの全身と頭部、胸ビレや背ビレ、尾ビレなどの撮影と体長の測定を行う。続いて、目から耳までの距離やヘソから肛門までの距離など、世界的に決まっている計測部位を定法に従って計測する。さらに、外傷

がないかどうか、クジラヒゲの状態はどうか、寄生虫がついていないかなどの追加観察も行った。開始から4時間、潮が満ちてきたため、調査をいったん中断し、クジラが波にさらわれないように、重機で陸に引き揚げることになった。

午後になると、クジラに関係する研究者が国内外から続々と集まってきた。地元の新江ノ島水族館をはじめ、筑波大学、北海道大学、宮崎くじら研究会、宇都宮大学、長崎大学、東京海洋大学、日本鯨類研究所、ソウル大学校など、名だたる学術機関の精鋭たちが集結し、調査チームが結成された。もちろん、私たち国立科学博物館のスタッフ5人も、中心メンバーとして参加した。

発見からわずか1日でここまでのメンバーが揃ったのは、これまでに数々のストランディングの現場を共にして築いてきたネットワークの賜(たまもの)であ

江の島で見つかったシロナガスクジラ。左側が頭で、仰向けに横たわっている

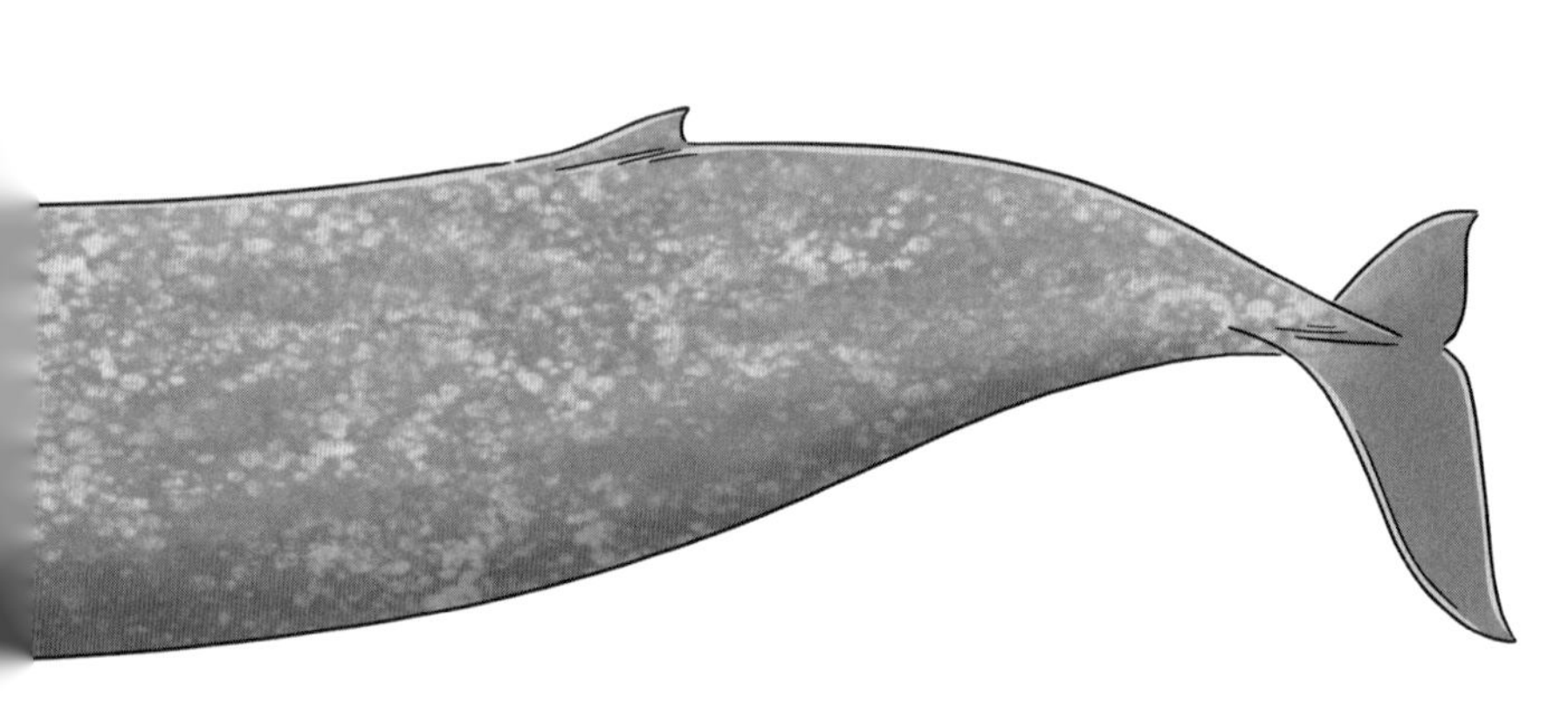

る。しかしそれ以上に、シロナガスクジラの調査に自分も参加したいという、研究者たちの強い思いがあったことは間違いない。
　クジラを研究する人間であれば、実物のシロナガスクジラの調査ができるなら、何をさておいても現場に駆けつけるのではないだろうか。一生に一度あるかどうかの希少なチャンスである。それほどまでにシロナガスクジラは、海の哺乳類の中でも特別な存在なのだ。調査チームの士気が異様なほど高かったのはいうまでもない。
　この日の調査で、漂着したのがシロナガスクジラであることが、つい

シロナガスクジラ。約25メートルにもなる巨体と全身にかすり模様があるのが特徴

に同定された。シロナガスクジラと同定した特徴は、主に次の5点である。

①濃灰青色の体色と、その中にかすり模様（白斑）が見えること。
②シロナガスクジラに特徴的な胸ビレの形。
③体長に対して相対的に小さな背ビレ。大型クジラは得てして体長に対して背ビレが小さいが、中でもシロナガスクジラはその代表である。
④漆黒色のクジラヒゲ。クジラヒゲは種類によってその色や形がさまざまだが、シロナガスクジ

ラのクジラヒゲは、漆黒色を呈すのが特徴である。

⑤シロナガスクジラ特有のプロポーション。体長に対して頭部の割合がどれはどか、そのほかウネ（畝）（94ページ参照）の位置および数、尾ビレや背ビレの形、位置など、体長を軸にその割合や位置、大きさなどを確認して同定する。人間の場合はプロポーションがいいというと、美人だとか格好いいという別の意味合いがついて回るが、基本的に動物ではプロポーションが、その種を決定づける特徴を示すことが多い。

体長は10・52メートルのオスで、生後まだ数ヶ月の、母親のお乳を飲んでいる時期の幼体である可能性が高いこともわかった。さらに、腐敗の程度から、死後数日であること、おそらく漂着した海岸からそう遠くない沖合で死亡し、海流に乗って鎌倉の海岸に流れついたのだろうということが推測された。

赤ちゃんクジラの死は悲しいことだが、その死に報いるためにも綿密な調査を行い、未来の研究に必ずつなげていくことを心の中で誓った。

赤ちゃんクジラの胃からプラスチック

本来は、その場ですぐに死因やストランディング原因を解明するために開腹し、内臓の調査も行いたかった。しかし、クジラの漂着した由比ガ浜は、全国的に有名な観光地である。そこで自治体と協議した結果、内臓の調査については、後日、別の場所で行うことになった。

同日夕方、5トントラック2台に分けて、赤ちゃんクジラを移動。翌日の早朝から、国立科学博物館、筑波大学、北海道大学、長崎大学、ソウル大学校の調査チームにより、調査を開始した。

本格的に死因を探っていくのだ。

海の哺乳類の場合、外的要因で死亡する例も少なくない。外的要因というのは、個体の外部に死因の原因がある場合を指す。代表例が、**①船との衝突**、**②漁網などに絡まる**、**③サメやシャチなどの外敵に襲われる**、である。しかし、今回のシロナガスクジラの外貌（見た目）観察からは、船との衝突時に見られる打撲や骨折の痕は見られず、漁網に絡まった際に見られる漁網痕（ネットマーク）や裂傷も認められなかった。

また、外敵であるサメやシャチに襲われた際につく咬傷（こうしょう）痕や捕食された部位も観察されなかったため、外的要因は否定された。

次に、内臓を調べていく。このときは夏の暑さが内臓の腐敗を助長してしまったため、すべてを調べることはできなかったものの、内臓に顕著な病気は発見されなかった。

胃の中はほとんど空だったが、腸には内容物が残っていた。つまり、生まれたあと母乳を飲んだことがあることを示している。

これらの情報から、生後数ヶ月のシロナガスクジラの赤ちゃんは、死亡する数時間前に親とはぐれ、単独では生きていけずに死亡してしまった可能性が高いと推測した。

解剖調査を終えたあと、全身の骨格については、国立科学博物館が標本として保管することになった。生後まもない赤ちゃんなので、骨の一部がまだやわらかい軟骨だった。そのやわらかさに、命の重みをいつも以上に感じながら、可能な限りの標本を科博へ持ち帰った。現在、骨格標本は大切に収蔵庫で保管されている。

その後の共同研究では、北太平洋に棲息するシロナガスクジラとしては、初めてその遺伝子情報の一部を得ることができ、世界中でこれまでに知られているシロナガスクジラの遺伝子情報と比較することができた（これは宮崎大学西田伸先生の成果をもとに紹介している）。

遺伝子情報がわかれば、赤ちゃんシロナガスクジラが、同じ北太平洋のアメリカ沿岸にいるシロナガスクジラと「親戚なのか?」「赤の他人なのか?」といったことも今後わかってくる。遺伝子情報とは、じつにいろいろな情報を教えてくれるツールだ。

また、北海道大学の松田純佳さんがクジラヒゲを分析した結果、赤ちゃんシロナガスクジラは、生前は岩手県沖を親と一緒に回遊していたこともわかった。日本が捕鯨全盛期だった頃、岩手県沖でシロナガスクジラを捕獲していたという記録と棲息域が合致している。

クジラたちの体表には、さまざまな寄生虫が存在することが知られている。今回のシロナガスクジラの体表からも、寄生性甲殻類の一種であるヒジキムシ科ヒジキムシ属のカイアシ類に属する「クジラヒジキムシ」が複数個体採集できた。クジラヒジキムシは世界中の海に棲息していることが報告されているが、これまでに日本周辺ではミンククジラ(シロナガスクジラと同じナガスクジラ科のヒゲクジラ)への寄生が知られているのみだった。そのため、日本周囲にいるシロナガスクジラから同じ寄生虫が発見されたのは、今回が初めてである(これは鹿児島大学の上野大輔さんの成果をもとに紹介した)。

さらに、体内に環境汚染物質が蓄積していたこともわかった(愛媛大学沿岸環境科学研究センターの成果をもとに紹介した)。

さらに内臓調査を進めていくと、胃の中に直径7センチメートルほどのビニール片が見つかった。

このビニール片は、直接の死因とは関係ない。しかし、乳飲み子のクジラのおなかから、人間社会由来の異物が見つかったことは衝撃だった。神奈川県環境科学センターの分析により、このビニール片は「ナイロン6」という材質のフィルムであることが特定された。

赤ちゃんクジラが漂着した神奈川県では、この事実を知った知事が「かながわプラごみゼロ宣言」を発令。環境問題の解決に向けた大きな一歩を踏み出すきっかけとなった。

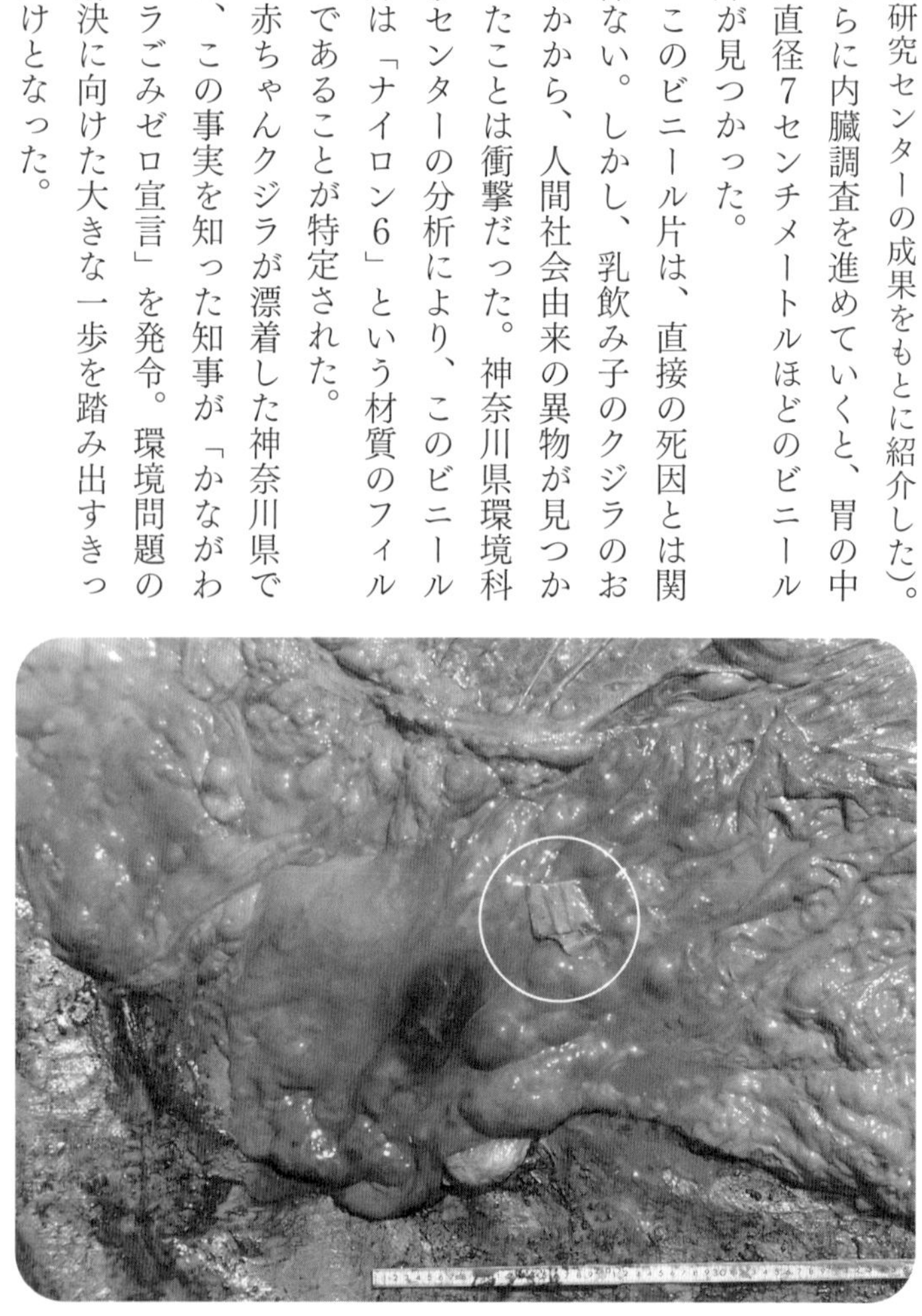
胃の中で見つかったビニール片

もしも、赤ちゃんクジラの死体が粗大ごみとして焼却されていたら、知られることのなかった事実である。海の哺乳類の死体は、その個体自身の生態だけでなく、海の現状も私たちに教えてくれる。

クジラは爆発する

シロナガスクジラと同じくらい、一生涯見ることが叶わないだろうと思っていた珍しい種類のクジラが、２００７年8月、北海道苫小牧市の海岸にストランディングした。ヒゲクジラの仲間に分類される「コククジラ」である。

コククジラは、体長12メートルほどのクジラで、沿岸域を好む。浅瀬の泥の中にいるカニやエビなどのベントス（底生生物）を主食にしているのだ。

かつては北半球の大西洋と太平洋に棲息していたが、ヒトの乱獲によって北大西洋の群は絶滅し、現在は北太平洋だけに棲息している。世界的にも生存が危ぶまれているクジラの一つである。

北太平洋のコククジラの中でも、北西太平洋（日本周囲を含むロシア、中国、韓国沿岸）に棲息する群は、その数わずか１５０頭と推定されていて、絶滅危惧種の上位にランキングしている。その希少な1頭が、北海道にストランディングしたのだ。

しかも、ストランディングしたのはメスだと聞く。北西太平洋のコククジラは謎の多いクジラで、どこで出産しているのかも未だに解明されていない。よりいっそう探求心がそそられた。多くの生物に当てはまることだが、子孫を安定して残していくには、オスよりもメスの頭数が直接的な影響を与える。コククジラも同様である。

私たち博物館スタッフも、すぐに北海道へ向かった。苫小牧市は札幌から約70キロメートル南下した太平洋に面した場所である。この季節のコククジラにとって、餌場となるロシア沿岸海域に北上するための移動経路であろうと推測された。

苫小牧市の海岸に到着すると、すでに著名な研究者の方たちが何人か到着されていた。その中に、当時、日本鯨類研究所に所属されていた石川創（はじめ）さんもいた。

コククジラ。体長は約12メートルで背中にコブ状の隆起があるのが特徴

石川さんは、私と同じ旧日本獣医畜産大学出身の獣医師だ。長年にわたり、調査捕鯨の団長として、南氷洋や沿岸捕鯨に参加し、ストランディングの現場を何度も経験されている大先輩である。

この日は夏場であったことも重なり、コククジラの腐敗は早かった。

もともと、体長12メートルもの大型クジラの場合、皮下の脂肪層が非常に分厚く、30センチメートルほどにもなる種もいる。生きている時はこの脂肪層のおかげで体温を保持することができるのだが、死んだ後はこの脂肪層が仇となり、体温が外に放熱されず、体内の腐敗がどんどん進む。そのまま放置しておくと、体内に大量に繁殖した細菌がガスをどんどん発生し、風船のように体が膨張して爆発することもある。

この話を、科博を訪れた子どもたちにしたことがある。

「ええっーー！」「クジラが爆発するの？」と、大盛り上がりだった。

大人たちはなかなか信じてくれないが、実際に大型クジラが市中で爆発する映像が、インターネットの動画サイトに複数アップされている。海岸にストランディングしたクジラに、不用意に近づいてはいけないことを実感するためにも、機会があればぜひご覧いただきたい。

爆発の予兆は、専門家が見ればすぐにわかる。死後に溜まったガスが体内に充満してくると、体の膨張に伴って、胸ビレが上がっていく。その上がった角度によって、腐敗の進行具合が推測できるのだ。

このときのコククジラは、発見から2日目で胸ビレがすでにバンザイをしていた。つまり、腐敗が進行し、爆発寸前までガスが溜まっていることを物語っていた。もう少し時間が経っていたら、病理解剖を断念せざるを得ないほど内臓はトロトロに溶けていただろう。危うく千載一遇のチャンスを逃すところであった。

解剖調査の〝1刀目〟は、私が担当することになった。パンパンに膨らんでいるクジラの体表に、まずヘソの位置で脂肪の厚さを測るため、刀を入れた途端、内部からの圧で弾けるように、パンッ、パンッと音を立てて皮膚の切れ目が広がり、切り進めていくとそこからシュルシュルシュルと腸があふれ出てきた。

「うわあーーっ！」

と叫びそうになったが、このときは石川さんをはじめとする大先輩たちが周りに集まっていたので、努めて冷静にふるまう。飛び散ったクジラの体液と脂にまみれながら、黙々と解剖作業を続けた。

ストランディングした個体を解剖するのは、何度経験しても非常に緊張する。解剖手順は頭に入っているはずだが、ふとした気のゆるみなのか注意力散漫なの

胸ビレが完全にバンザイしている

か、重要な情報や標本を取りこぼしたり、手を切ったりしてしまう。気づいたときには時すでに遅し、後悔先に立たずとなる。

とくに今回のような希少な種であればなおさらである。一つでも多くの情報や標本を採集して、後世に残す。博物館職員として、研究者として大きな責任を感じる。

何か見落としていることはないか、やり忘れたことはないか、標本の回収は各場所で適切に進んでいるか、今後博物館で標本を保管・管理するために今しておかなければならないことは何か、など手を動かしながらも常に、さまざまなことが頭を駆けめぐる。そのためだろうか、こうした調査現場は意外にも静かである。手を動かしながら頭もフル回転しているため、誰かと会話しながら作業することは稀(まれ)である。

コククジラの全身を丸ごと冷凍できたら、ゆっくりといろいろ考えを巡らせながら調査を進めることができるのに……。そんなことを夢想する。もちろん現実はそうはいかない。

このときは、腐敗がかなり進んでいたため、残念ながら死因を断定することはできなかった。しかし、乳腺の発達具合から、性的に成熟したメスのコククジラであり、妊娠経験もあることが推測された。

胃の中に、内容物も見つかった。つまり、移動中である日本周辺でも餌を食べていたということである。季節ごとに大規模回遊するヒゲクジラたちは、その移動中や繁殖海域では積極的に摂餌（せつじ）は行わないといわれている。しかし、今回のコククジラで発見された胃内容物は新たな見解につながる情報の一つだ。

他にも、多くの基礎生物学的データを回収し、それぞれの学術機関に持ち帰ってもらうことができた。

充実感に浸るとともに、心底ほっとする瞬間だ。

「ヒゲクジラ」と「ハクジラ」

クジラは、日本人にとって昔から特別な存在だった。海の哺乳類と魚類の違いも知られていなかった時代、普通の魚とは異なる、ある種の畏敬の念を抱く対象とされてきた。

それは、クジラの圧倒的な大きさゆえだろうか。もしかすると、同じ哺乳類としての何かを感じ取っていたのかもしれない。

現在、クジラの仲間は世界で約90種が知られている。その約半分が日本列島の周囲に棲息したり、または回遊したりしている。日本は世界に類のない〝クジラ王国〟な

のである。

　クジラは、「ヒゲクジラ」の仲間と「ハクジラ」の仲間に大別される。名前の由来にもなっているように、口の中にヒゲ板の生えているのがヒゲクジラ、歯が生えているのがハクジラである。

　まずはヒゲクジラから紹介しよう。

　現在、ヒゲクジラは世界の海に4科14種以上が棲息している。ヒゲクジラと聞いてもピンとこないかもしれない。しかし、日本人にとっては、お馴染みのクジラが含まれている。

　秋から春先にかけて、小笠原諸島や慶良間(けらま)諸島の海域で大人気のホエールウォッチングで姿が見られるのが、

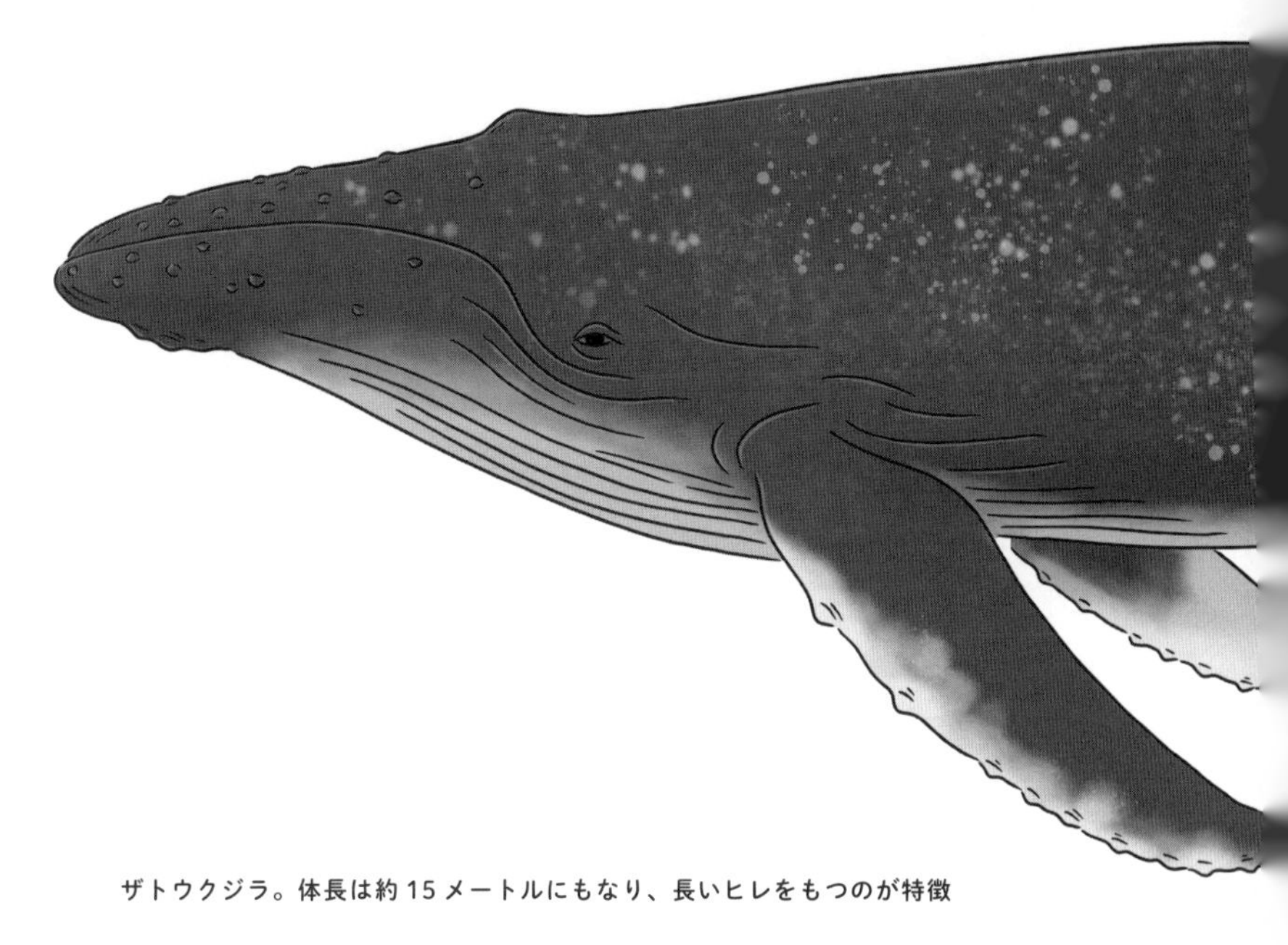

ザトウクジラ。体長は約15メートルにもなり、長いヒレをもつのが特徴

ヒゲクジラの一種のザトウクジラである。

　ヒゲクジラの仲間は、概して体が大きいのが特徴である。南半球に棲息する最も小さな種（コセミクジラ）でも6メートル弱ある。哺乳類で最大のシロナガスクジラもヒゲクジラの一種で、こちらは全長30メートルを超えることもある。

　そんなに大きくなるには、さぞかし高カロリーの食事をしているのだろうと思いきや、ヒゲクジラは全般的にきわめてヘルシー（？）な食生活を送っている。巨体に見合わず、ヒゲクジラの主食はオキアミなどの小さな動物性プランクトンや、エビやカニなどの甲殻類である。イワシ、シシャモ、ニシンなど群性の小さな魚も食べる。そんな食事でなぜ、体がとんでもなく大きいのかというと、食べる量がハンパないのである。

ヒゲクジラは、長距離の季節性回遊を行う種が多く、春から夏に餌を求めて寒い海域（高緯度地域）へ向かう。南極や北極周辺の海では、この時期、プランクトンが爆発的に増殖する。それをドカ食いするために移動し、飛躍的に大型化することに成功したのである。

夏に栄養をたっぷり補給したヒゲクジラは、秋から春先にかけて、今度は子どもを産み育てるために暖かい海域（低緯度地域）へ向かう。日本では、小笠原諸島や慶良間諸島の海域にヒゲクジラの一種のザトウクジラが姿を現すのは、ちょうどこの時期に相当する。繁殖期を終えると、子どもを連れて再び餌の豊富なベーリング海などの北の海に向けて大規模回遊を行い、たらふく餌を食べるのである。

ラクして餌を取る!? ヒゲクジラ

ヒゲクジラという名前を聞いて、ナマズのようなヒゲの生えたクジラを想像するかもしれない。しかし、前にもふれているように、ヒゲクジラのヒゲの由来は口の中に生えているヒゲ板である。人間のヒゲとは、見た目も役割も大きく異なっている。

ヒゲクジラは、進化の過程で独自にユニークな餌の取り方を獲得した。なるべく苦労せずに効率よく餌を取るために、頭部（口の中）の構造を変え、ヒゲ板をつくり出し、このヒゲ板を使って海水から餌生物を濾し取って食べる方法を得たのである。

ヒゲクジラの餌の取り方は、主に三つが知られている。

ナガスクジラのヒゲ板

①スキムフィーディング（漉(す)き取り摂餌）

ヒゲクジラ類のセミクジラ科クジラが行う摂餌方法は、スキムフィーディングと呼ばれる。セミクジラ類の上顎は弓なりに大きく湾曲し、下顎との間が大きく開いているため、口の中に大きな大きな空間が出来上がる。

そこに上顎から居酒屋の入り口にある暖簾(のれん)さながらに、長く大きな直角三角形の定規のような形をした細かい線維状のもので構成された板が無数に垂れ下がっている。これが〝ヒゲ板〟である。ヒゲ板は文字通り板状で、この板状のものが上顎に沿ってびっしり生えている。それをまとめてクジラヒゲともいう。

ヒゲ板は、ヒトの爪や皮膚がケラチン（硬いタンパク質の一種）化したのと同じように、口腔内の粘膜がケラチン化したものと考えられている。そのため、自分の爪を触っていただければヒゲ板に一番近い感触を感じられる。ただ、ヒゲ板は乾燥すると誤って手を切ってしまうほど硬くなるため、触るときは気をつけなくてはいけない。

セミクジラ類がなぜこの独特な弓なりの上顎と長いヒゲ板を持ち合わせているのかというと、泳ぎながら口先を少し開けるだけで、ヒゲクジラたちの主食であるオキアミや動物性プランクトンが、海水と共にどんどん勝手に口の中へ入ってくる。そこで口の中にある〝クジラヒゲ〟をフィルターにして餌生物だけを口の中に残し、海水は

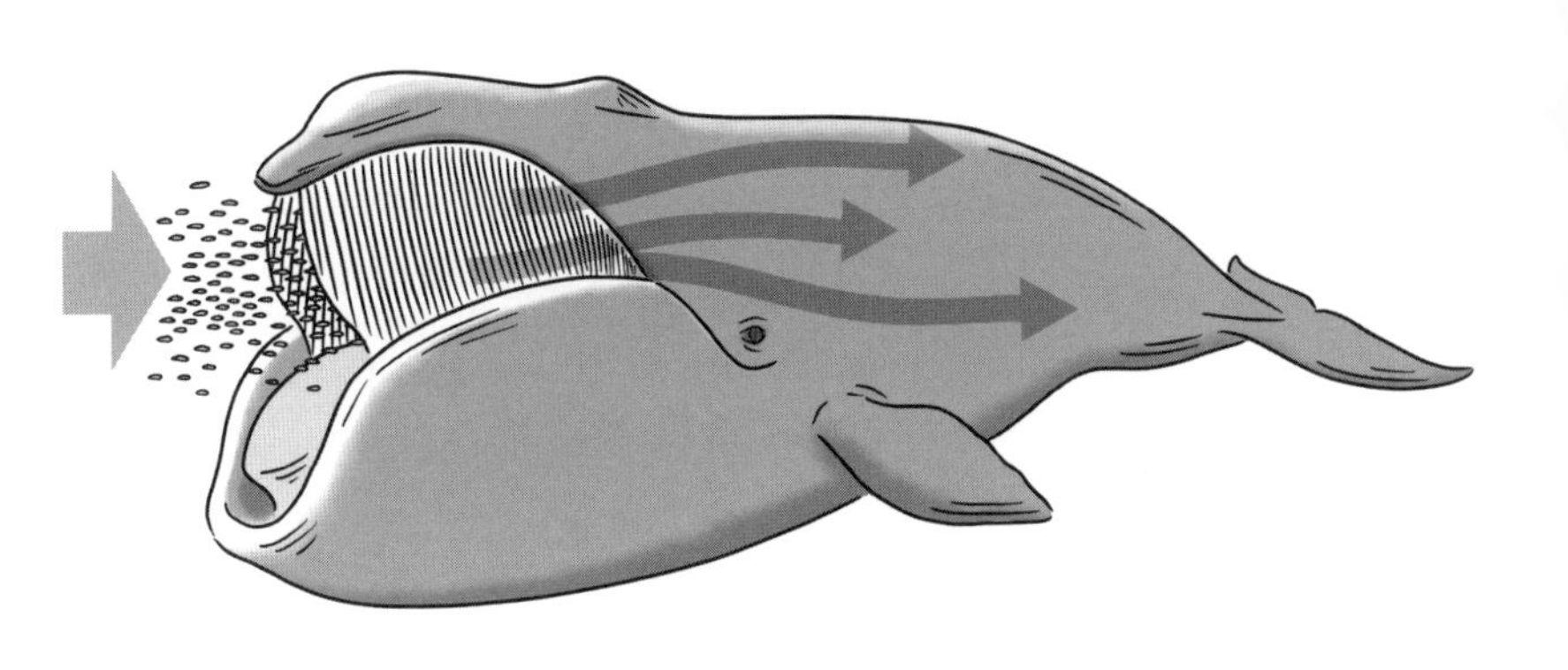

スキムフィーディング

口角から排出させる、なんとも効率的な食事方法である。

　クジラヒゲの色や形、線維（剛毛）の性状や色は、ヒゲクジラの種類によって異なり、種を特定するときの手がかりになる。たとえば、ヒゲクジラの中で最も長いヒゲ板を持つのはこのセミクジラ類で、セミクジラやホッキョククジラでは2メートルほどの記録がある。

　ちなみに、セミクジラのヒゲ板は、その長さと弾力性に富んだ性質から、西洋では女性のコルセットやバイオリンの弓に使われていた。日本でも、釣りざお、扇子、クシ、からくり人形のぜんまいの材料などに加工され、

ボトムフィーディング

今でも重宝されている。

②ボトムフィーディング（底質摂餌）

ボトムフィーディングは、ヒゲクジラ類のコククジラだけが行う摂餌方法である。コククジラの主な餌は、浅い海底の泥の中にすむカニやヨコエビなどのベントス（底生生物）である。セミクジラほどではないが、上顎はわずかにカーブし、口腔内の容積を大きくしている。ベントスを食べるために体の右側を下にして（なぜか右を下にする個体が多いが、その理由はわかっていない）、わずかに開けた口の右側から、海底の泥と共に餌を吸い込み、反対の左側へ水と泥を吐き出してクジラヒゲで濾し取り、口の中に残った餌を飲み込む。

コククジラは、餌が岸近くの海底にいるせいか、棲息海域や回遊経路がとても岸に近い。アメリカのカリフォルニア州などでは、陸地からしばしばコククジラの姿を見ることができるし、ホエールウォッチングも盛んに行われており、カリフォルニア沖では大人気のクジラである。

また、コククジラは、頻繁に頭を海面から出す行動をとる（スパイホップという）。これは地形や周囲の景色を確認するためといわれているが、ひょっとすると人間の生活も観察しているのかもしれない。「今日も人間はあくせく働いているかな……」なんて思いながら。

③エンガルフフィーディング（飲み込み摂餌）

ナガスクジラ科のヒゲクジラの食事シーンは、とてもダイナミックで有名である。セミクジラほど上顎は穹曲していないが、その代わりに下顎と頭骨の関節が強靭（きょうじん）な線維でつながっており、ヘビが自分より大きな餌を丸飲みするときのように（構造は違うが）、顎を外して大きく開き大量の海水と餌を一気に取り込むことができる。これがエンガルフフィーディングと呼ばれる摂餌方法である。

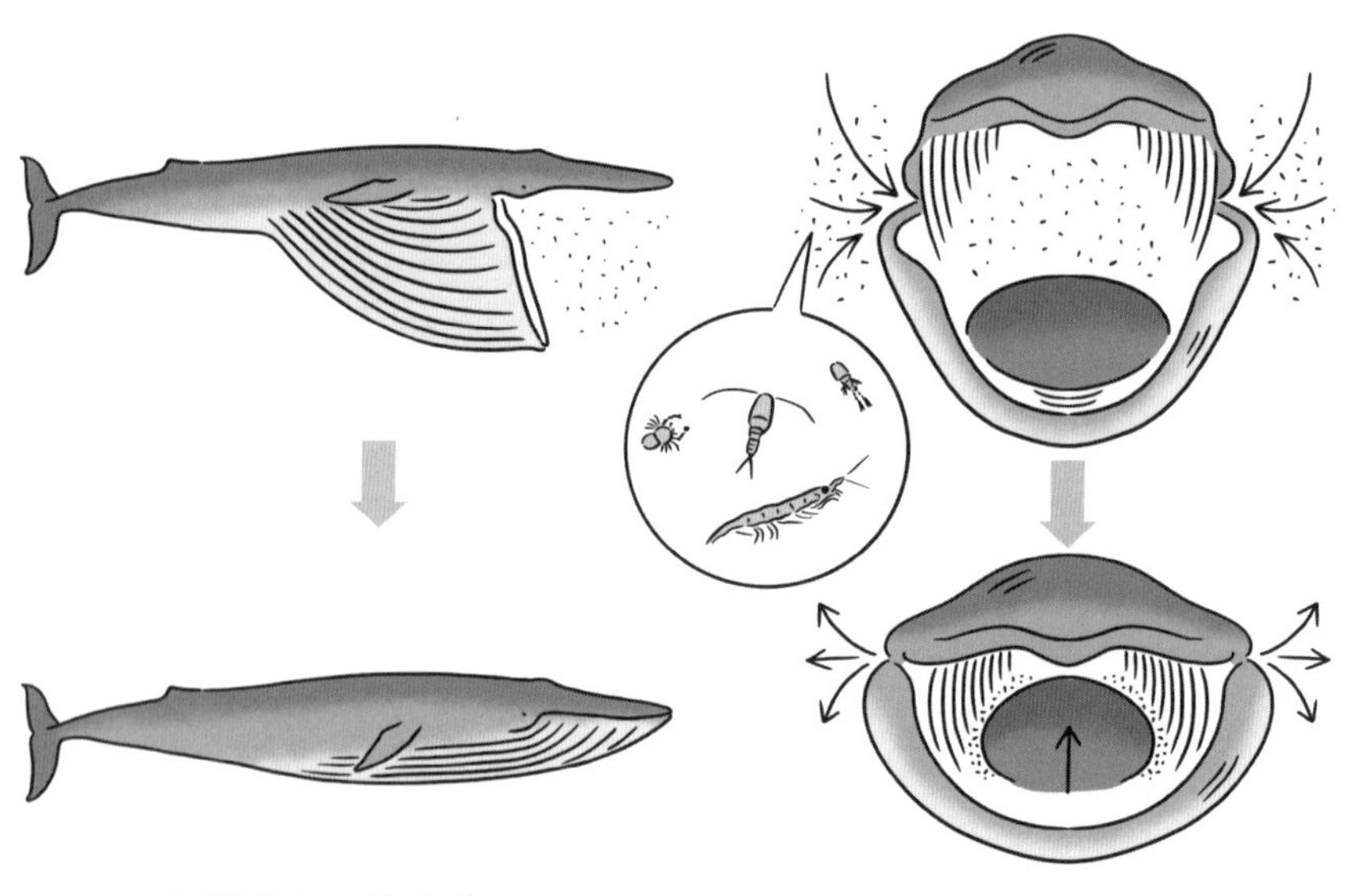

エンガルフフィーディング

一般に、クジラの皮膚はほとんど伸び縮みしない、と考えていただきたい。とくに大型のクジラは皮膚がきわめて厚く線維成分に富んでいるので、まったくといっていいほど伸縮性がない。

しかし、ナガスクジラ科のクジラは、餌を食べるために、進化の過程でおなか側の皮膚にアコーディオンのような折り目をつくり、伸縮性を生み出した。これはウネと呼ばれ、ノドからおヘソの近くまで広がっている。

では、ナガスクジラ科クジラが、餌を取るときにこの折り目状のウネをどのように使っているのだろうか。

先ほど紹介したように取り込んだ大量の海水と餌生物は、ウネの部分の皮下にある空間（ventral pouch：腹側嚢）にまず一気に流れ込む。すると今度は、下顎や舌、ウネの筋肉を使って、餌と水を再び口の中に戻す。このときクジラヒゲの濾過作用を使って餌だけが口の中に残り、海水は口から排出される、という想像を絶する何とも大がかりな〝どか食い〟である。

シロナガスクジラやナガスクジラのような大型種の場合、ウネ部分に取り込まれた海水と餌生物があまりにも重いため、自身の力だけではどうにもできず、そのため自身が仰向けとなり、重力を利用して水を排出する。ウネ部分が海水と餌でパンパンになったその姿は、オタマジャクシさながらに頭部が異常に大きく見える。自力ではコントロールできないほどの海水と餌生物を大量に取り込める便利なもの（ウネ）を、ナガスクジラ科のクジラたちは進化の過程で獲得したので、あれだけ巨大化できたのだろう。

ナガスクジラ科に属するザトウクジラは、さらにユニークな方法で餌を食べる。エンガルフフィーディングは他のナガスクジラ類と同様に行うのだが、そのときになんと、仲間同士で協力し合って魚を追い込み、捕らえることが知られている。

魚の群れを見つけると、数頭が噴気孔（外鼻孔）から泡を出し、お互いに一定の距

バブルネットフィーディング

離を保ちつつ、円を描くように遊泳しながら海面へ上昇する。すると、魚の周りにはあれよあれよという間に泡の網（バブルネット）が出現し、魚はその中に閉じ込められて逃げられなくなる。

そして、魚を水面に集めたタイミングを狙い、仲間同士がそれぞれ一気に飲み込むのである。その光景はあまりにも接近戦であるため、仲間同士、お互いを間違って飲み込んでしまわないのかと心配になるほどだ。

これはザトウクジラだけに見られる摂餌行動で、バブルネットフィーディングと呼ばれている。仲間同士が協力し合い、ある一つの事を達成する行動は野生動物では非常に珍しく、ザトウクジラが非常に高い社会性を備えている証でもある。

謎に包まれたハクジラを追う

歯のあるハクジラも、じつに興味深いクジラたちである。

ハクジラ類は世界中で10科76種が知られている。深海でイカ類を食べるマッコウクジラもハクジラ類であり、マッコウクジラだけ例外的に大きいが、ハクジラ類は中型から小型の種が多い。歯はあっても咀嚼（そしゃく）はせず、獲物を捕らえるときに使うことはあるが、そのほとんどは丸飲みする。水族館で人気者のハンドウイルカやカマイルカ、シャチやオキゴンドウもハクジラ類に含まれる。

また、ハクジラ類の中にオウギハクジラ属というグループがいるのだが、世界中では15種ほど棲息している。日本近海には、ハッブスオウギハクジラ、イチョウハクジラ、オウギハクジラ、コブハクジラの4種が棲息しているが、おそらく初めて見聞きするクジラばかりであろう。実際、いずれもその生態は未だ謎に包まれている。

水族館での飼育記録はほとんどなく、人の目にふれるところに姿を現すことも滅多

オキゴンドウ。体長は約３メートルで丸い頭が特徴

にない。つまり、生きているオウギハクジラ属クジラの研究は世界的にもとても難しい。しかし、冬場の日本海側ではオウギハクジラ属のオウギハクジラが頻繁にストランディングし、太平洋側では、1年を通して残りの3種、イチョウハクジラ、ハッブスオウギハクジラ、コブハクジラがそれぞれストランディングするのである。謎めいたクジラたちのストランディング、この機会を逃す手はない。

２００1年3月には、日本海側の各地で1週間のうちに合計12頭のオウギハクジラのストランディング個体が発見され、私たち関係者は大忙

上からハッブスオウギハクジラ、イチョウハクジラ、オウギハクジラ、コブハクジラ。
体長は5メートル前後で扇形の歯をもつ。似すぎていて専門家でも見分けるのが難しい

しの状態となった。

佐渡島で1個体の調査を終え、新潟県の両津港に着いたとたんに、今度は秋田県から別の個体の連絡が入り、次に能登半島の海岸で調査をしていたら、半島の反対側でもう1頭発見されて駆けつける。そんな1週間だった。

このときは、12頭のうち、7頭しか調査することができなかった。

とにかく、冬場の日本海側の寒さは非常に厳しい。気温が低いだけでなく、大雪が降り、海岸にいれば北風が容赦なく吹きつける。こんなとき、いつも鳥羽一郎さんの『兄弟船』が頭に流れる。作業中は体を動かしているため、なんとか寒さをしのげるが、数分でも作業を止めると、とたんに手はかじかみ、体の震えが止まらず、吹雪の日には体を持っていかれそうになる。

人間だけでなく、カメラのシャッターも下りなくなり、サンプルを入れる保存液も凍ってしまう。そんな寒さなのだ。

まだまだ現場に慣れていなかった頃、私がすぐに寒がるため、ベテランの先生方からは、私の名前（木綿子）にちなんで「こんなの木綿吹雪だよ、全然問題ないだろう」と笑われたものだった。しかし、厳寒の中、1週間で12頭はさすがの先生方もお手上げだったようである。

私はといえば、4頭目を調査している途中から悪寒が走り始め、作業を終えて帰宅する途中で発熱。その後数日寝込むこととなった。ハードな現場だったが、収穫も大きなものだった。これまでにわかったオウギハクジラの主な成果は次のようなものがある。

遺伝子解析で血縁関係を推測

遺伝子のある部位を調べると個体同士の血縁関係がわかることがある。ストランディングしたオウギハクジラの遺伝子を分析した結果、日本海側にはどうやら大きな二つの母系集団（母親の祖先が二つのグループで構成）があることがわかった。

体長や体重のデータ

新生児は、体長200センチメートル前後で生まれる。成体オスは500センチメートル前後の体長で、体重は1トン程度。オウギハクジラはメスのほうが大きくなる傾向があり、メスの体長は520センチメートルほど、体重も1～1・5トンになる。

幼体のときに特有の体色を持つ

アカボウクジラ科のクジラは、幼体のときだけ、親と違って体色が淡黄色で、おでこから目の周り、背側にかけて黒褐色になる。これは生物の生き残り作戦の一つである。海洋環境では、外敵であるサメやシャチは海の深層から表層を見上げて、そこにいる獲物を狙うことが多い。なぜなら深層から表層を見上げると、太陽光を受けた獲物の影を確認できるからだ。そうすると、獲物側はなるべく見つからないようにしたいために、腹側を白っぽくすることで、太陽光を受けても影ができず、結果的に外敵に気づかれにくくなる。これは海洋にいるすべての生物が獲得しているわけではないが、鯨類全般を改めて観察してみると、外洋性の種のほとんどは、腹側が白っぽい。

歯で年齢がわかる

「樹齢1000年の屋久杉」の1000年という数値は、年輪をカウントすることで得られる。オウギハクジラたちを含むハクジラ類の年齢は、樹木と同じように、歯にできる年輪をカウントすることでわかる。その生物が何歳で子どもを産むのか、何歳で性成熟するのかなど基礎的な生物情報を得るとき、年齢は無くてはならない要素となる。

こうした項目は、どれもあまりにも基本的なことに思われるかもしれない。しかし、海の哺乳類を含む野生動物の中には、こうした基礎情報すらまったくわかっていない種が未だにいて、オウギハクジラたちも例外ではない。

歯があるのにイカを丸飲みするクジラ

ハクジラ類には歯がある、と紹介したが、実はその数は種類によって大きく違っている。ハクジラにもかかわらず、その数を大規模に減らしてしまったものたちがいる。ハナゴンドウやマッコウクジラ、オウギハクジラ属を含むアカボウクジラ科がその代表である。

さらに、アカボウクジラ科では、成熟したオスしか歯は生えず、下顎に左右1～2対しか存在しない。メスにおいては、歯は一生生えてこない。

そもそも、ハクジラ類の歯は、歯がすべて同じ形をした「同形歯性」であり、いわゆる餌を細かくする咀嚼機能は果たしていない。シャチやハンドウイルカも同様だが、彼らはたくさんの歯を持ち、その歯を使って餌生物を捕まえたり、嚙んだりはする。

しかし、アカボウクジラ科ではオスはその歯がたった2〜4個しか存在しない上、繰り返しになるが、メスでは歯は一生生えてこない(!)のである。

このように歯の数を減少させたクジラたちにはある共通点が存在する。それは、イカ類を主食としている、ということ。どうやらイカを捕まえるときは、歯を使う必要がないらしいのである。わたしたち人間からすると、イカこそ歯がなければ食べられない食材の代表ではないか。

では、どうやってイカを捕まえるのかというと、吸い込んで丸飲みするのである。味もへったくれもなく吸い込んで丸飲みする。このとき歯を使う必要がなくなり、イカを主食とするクジラたちは歯の数を減少させていった、と考えられている。

さらに、アカボウクジラ科では、歯がオスの二次性徴として重要な機能を果たすようになった。つまり、メスを獲得するためのツールとして歯は存在するようになった。アジアゾウの牙や、シカの角と同様に、繁殖期にメスの取り合いで闘うときに使い、当のメスへは、求愛アピールの象徴とする。このようにオスとメスで外形が違うことを「性的二型」という。

成熟したアカボウクジラ科のオスの体表には、闘った痕跡と思われる傷(相手の歯による平行な2本線の傷痕)がよく見られる。

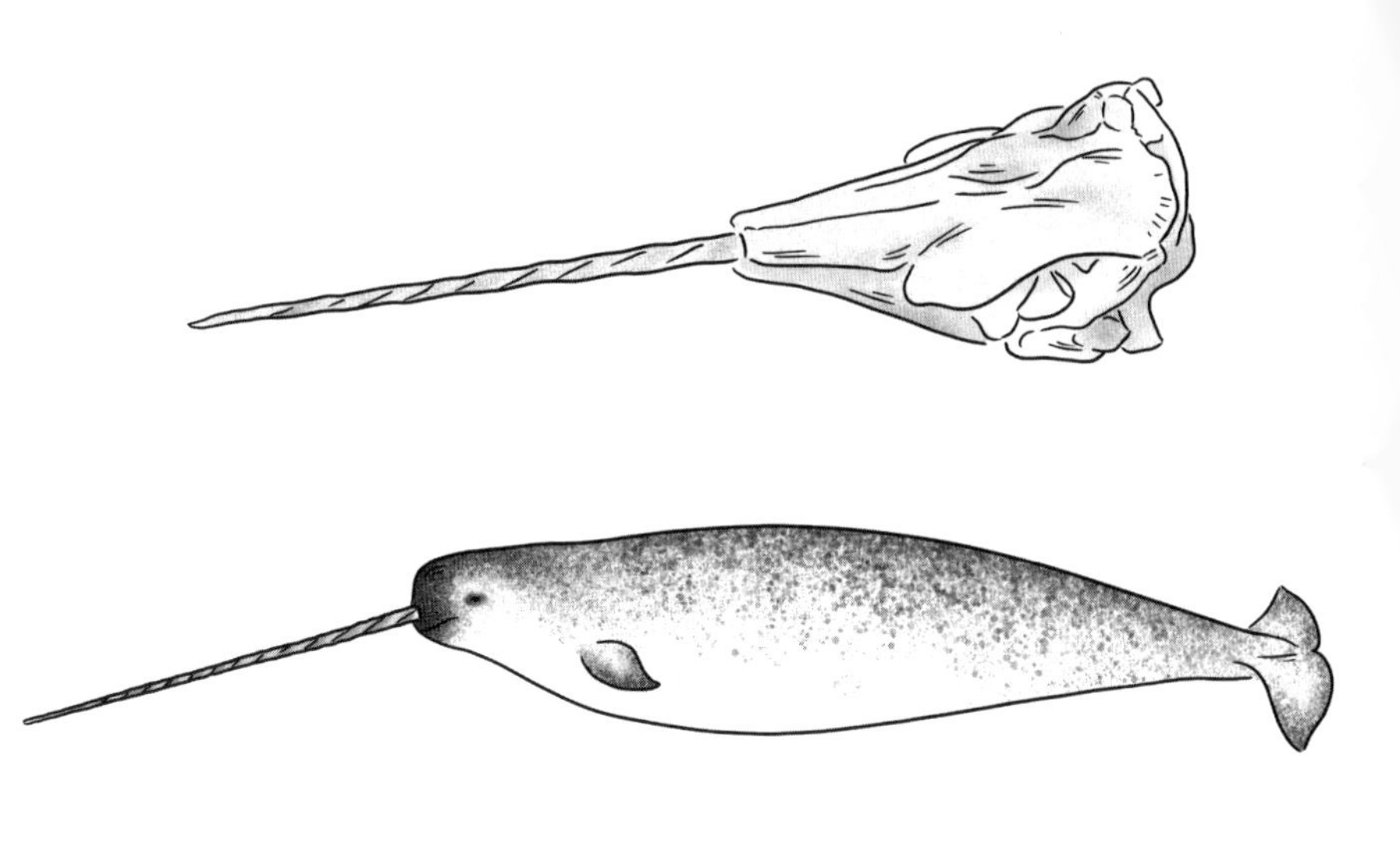

イッカクの角はもともと歯である

歯のつながりでいうと、ユニコーンという空想上の動物の由来となったイッカクにもふれておきたい。イッカクも、ハクジラの一種であり、北極圏の海に棲息する。上唇から伸びた細いドリルのようなものが〝角〟に見えたため、ヨーロッパではイッカクから空想上の動物である「ユニコーン」を創作し、いろいろな物語に登場させた。しかし、イッカクのこれは、角ではなく、分類名が示すとおり歯が発達したものである。

さらに、イッカクもこの歯は成熟したオスしか大きく成長しない。メスや子どもには外からわかる歯は見当たらない。オスでは、左の門歯だけがねじれながら発達し、上唇の皮膚を貫いて2メートル近くまで成長する。イッカクにとっても、歯は餌を消化する器官ではなく、求愛アピールの象徴となった。長くて立派な歯を持つオスだけが、社会的地位を獲得し、メスへの求愛を許されるのかもしれない。

シャネルNo.5はマッコウクジラのニオイ?

クジラの死体を解剖調査する際は、「悪臭まみれになる」という話を1章で紹介した。クジラの汚名返上のために、クジラのイイ香りに関する話もご紹介したい。

紀元前の昔から、世界各地で「龍涎香(りゅうぜんこう)(ambergris)」と呼ばれるよい香りを放つ淡黄色から黒褐色の塊が珍重されてきた。海岸に落ちているその塊を見つけると、イスラム教徒は場を清める薫香に利用し、エジプト人は神への捧げものとして用いた。ユダヤ文化の聖書にも登場する。

その香りはかなり人気が高く、希少なものであったことから、金(きん)と同じ価値で流通していた時代もある。

アラビアの伝説にも、6世紀頃、海岸に打ち上げられた黒褐色の塊が、なんともいえないかぐわしい香りを放つことから、当時のペルシャ帝国の皇帝に献上されたという話が残されている。これも龍涎香であった。当時から、麝香（じゃこう）と並ぶ最も高価な天然の香り素材の一つとされ、后シエヘラザードがペルシャ王に、千一夜かけて話した物語『千夜一夜物語（アラビアンナイト）』にもしばしば登場する。

　中世ヨーロッパの貴族社会では、皮手袋が流行した際、その香りづけに龍涎香が利用された。20世紀以降は、香水産業に無くてはならない香り素材となり、香水に詳しい女性ならお気づきだろうが、シャネルの№5はこの龍涎香の主成分から精製されている。

　では、黒褐色の塊である龍涎香とはそ

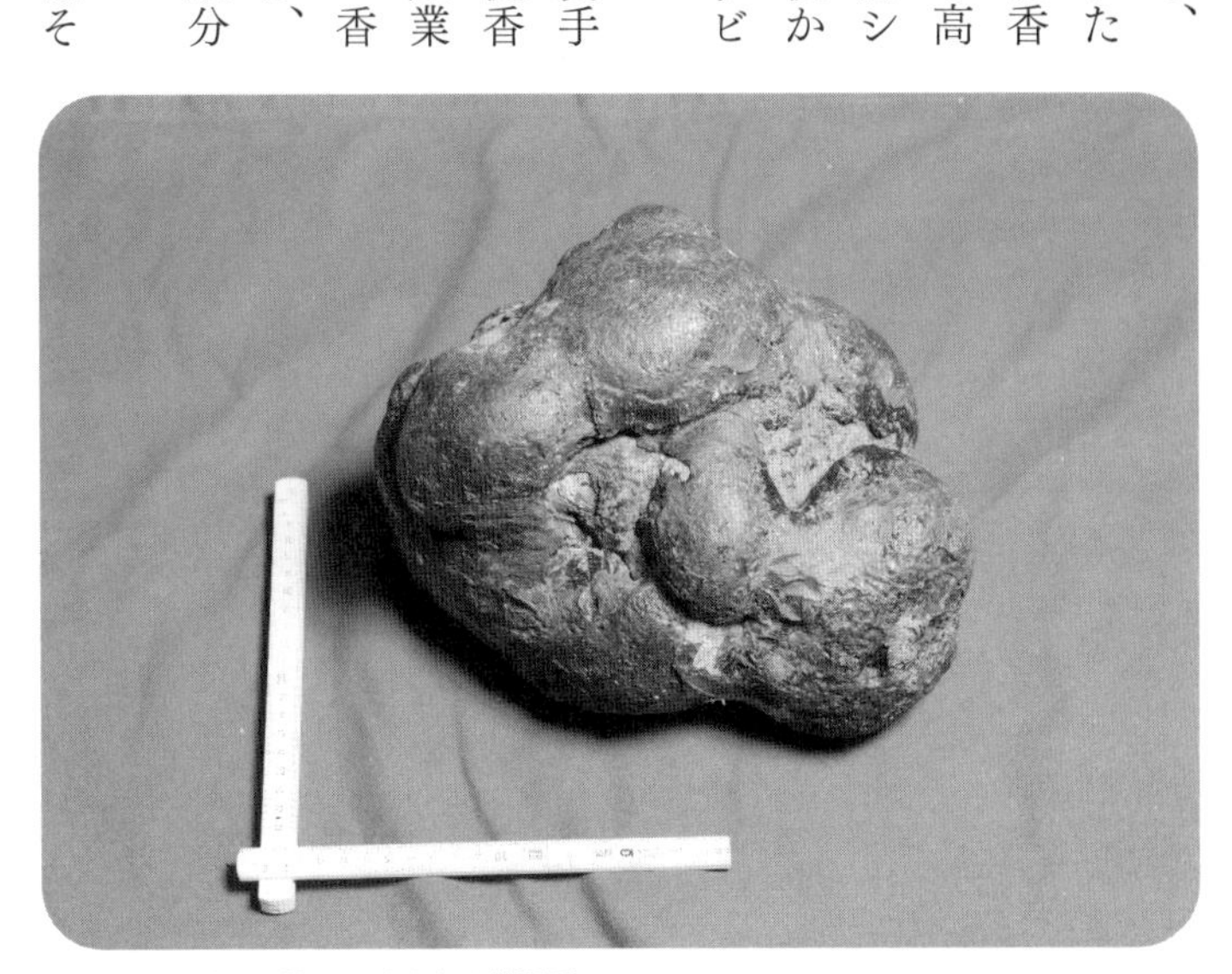

マッコウクジラの腸でつくられる龍涎香

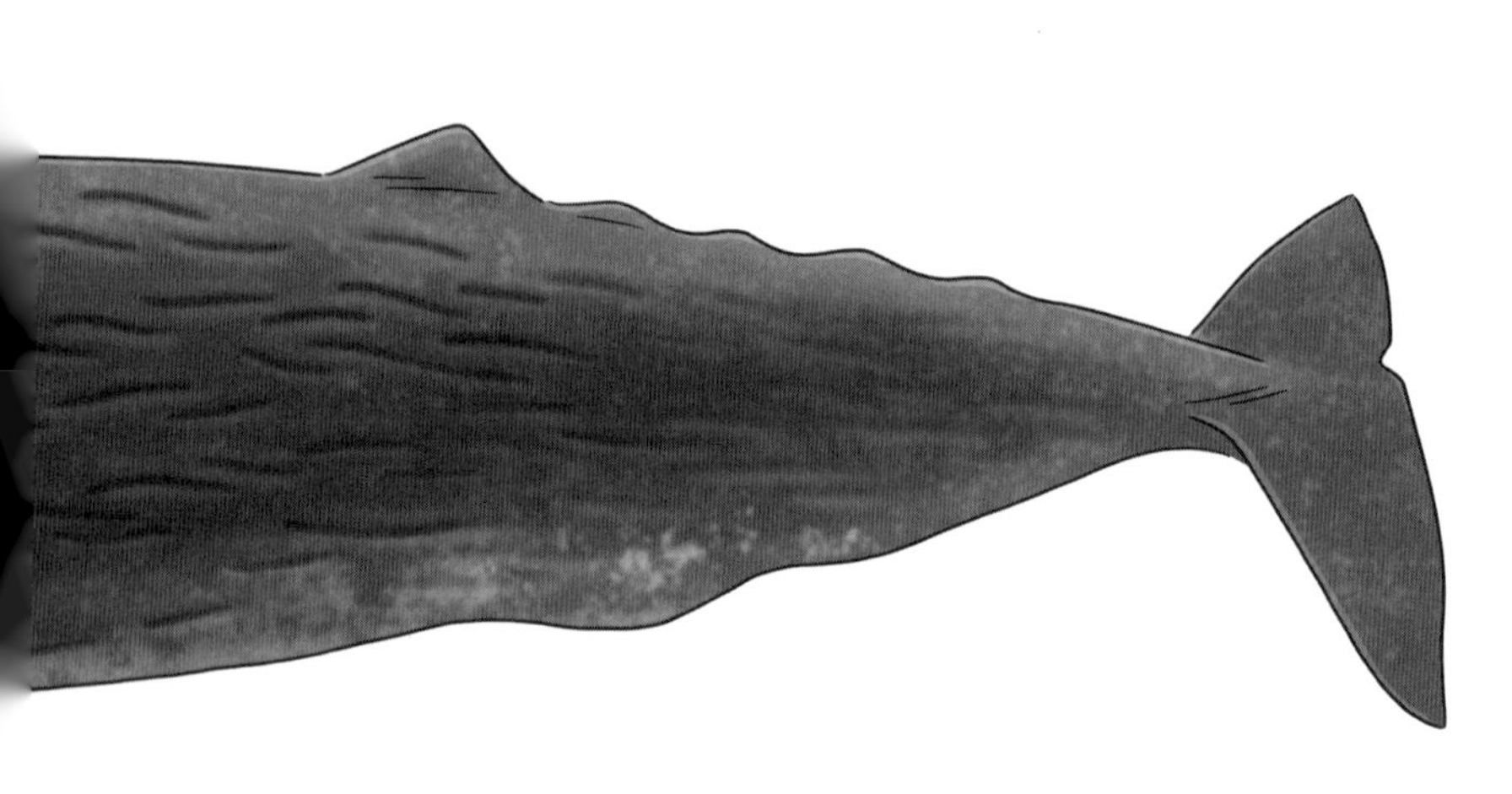

もそもいったい何なのか。最初のフリでおわかりのとおり、クジラ由来のものである。しかも、ナント、ハクジラの仲間のマッコウクジラの腸から発見される「結石」なのだ。

龍涎香の正体は、19世紀になっても不明のままであった。以後、捕鯨が盛んに行われるようになり、マッコウクジラの腸内から見つかったことで、その出所が判明したのである。

なぜ、よりによって糞便がつくられる腸で、伝説になるほどよい香りの結石がつくられるのだろう。

龍涎香の主な成分は、「アンブレイン」と呼ばれる有機物質とコレステロールの代謝物である。アンブレ

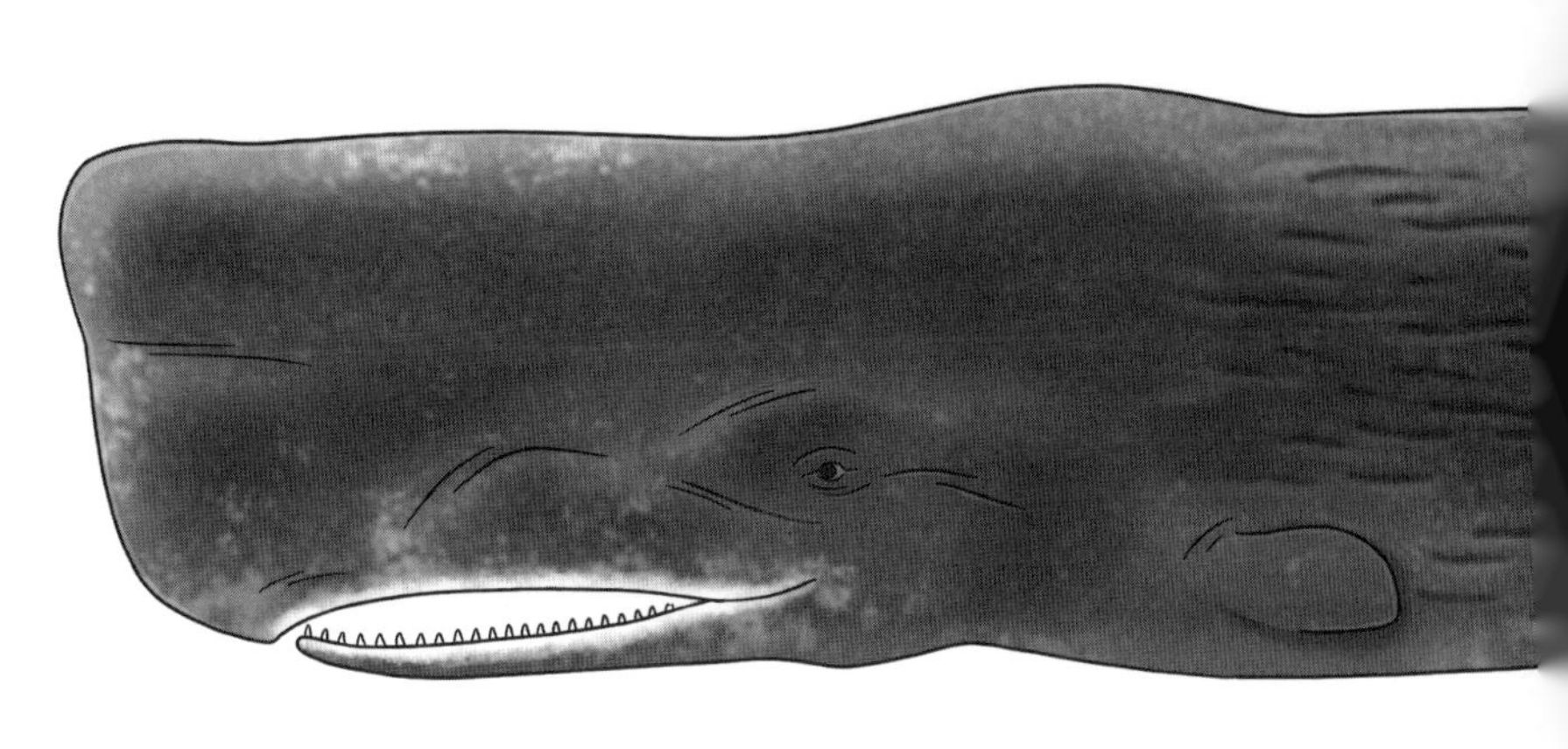

マッコウクジラ。約16メートルにもなる巨体と、大きくて角ばった頭をもつ

インが多いほど高価な龍涎香とされているようだが、この物質自体に香りはない。太陽の紫外線や、餌のイカに含まれる銅が作用して、アンブレインの構造が酸素で切断されると、初めて香り成分（ambroxan）が生み出されるという。

香水としてどのように使われるのかというと、龍涎香を5パーセント程度のアルコール溶液に浸けて低温に置き、数ヶ月間かけて熟成させる。そうすることで、香り成分(ambroxan)がより多く生成されるのだ。香りはというと独特の甘さがあって、ウッディ。ほのかにマリン調の香りも混じる。

いずれにしても、龍涎香は現在もなお伝説的な希少品である。というのも、龍涎香はこれまでマッコウクジラの腸からしか見つかっていない。しかも、マッコウクジラの腸から龍涎香が発見される確率は100頭に1頭、あるいは200頭に1頭といわれている。

現在は、マッコウクジラの捕鯨が世界的に禁止されており、新しい龍涎香を入手するには、紀元前と同様に、海岸に打ち上げられる僥倖（ぎょうこう）を待つのみである。

しかし、朗報がある。新潟大学の佐藤努先生らの最新研究で、龍涎香の主成分であるアンブレインを合成する過程がより詳細に解明されたのである。これが世の中に広く普及すれば、マリリン・モンローならずとも、私でも「寝るときはシャネル№5を数滴」みたいな生活が叶うかもしれない……。

科博には、標本として龍涎香が数点保管されている。そのため、実物の龍涎香を見たり触ったり嗅いだりしたことがある。実際の匂いはというと、古いタンスの中のニオイとでもいおうか……。どちらかというとムスク系、または古典的なお香のニオイに近いように感じる。

展覧会などでもお披露目しているので、機会があればぜひ、ご自分でニオイを嗅いでみていただきたい。

じつは、マッコウクジラにはもう一つ大きな特徴がある。独特な形をした頭部に「脳油」と呼ばれる油脂成分が存在するのだ。この脳油を得るために、かつては格好の捕鯨対象となっていた。

マッコウクジラの脳油は、食用、燃料用、薬用に至るまで、あらゆるものに活用された。なぜマッコウクジラだけが、龍涎香と共に脳油を持ち合わせているのか、未だに解明されていない。

ハクジラの中では、漫画やアニメにもよく登場し、知名度の高いマッコウクジラだが、やはり謎多きハクジラの一種なのである。

クジラの謎はさらに深まる

人間には右利きや左利きといった特性がある。イルカやクジラにもヒレ状になったものの私たちと同じように前肢（手）があり、仲間同士でコミュニケーションを取ったり、泳ぐときに方向転換をしたり、さまざまに利用している。ということは、利き手があってもよさそうである。

実際、イルカの生態を観察している研究者によると、左手ばかりを使って仲間の身

体をこする個体や、右手ばかり使って方向転換する個体がいるという。それを科学的に解明するためには、イルカの腕の部分を肉眼的に解剖し、筋肉の付き方や神経の発達具合を確かめる必要があるが、実際、イルカたちの腕を観察してみても、今のところ左右差は確認できていない。

コククジラは、必ず右側を下にして餌生物を食べる。また、クジラの子宮は、人間と違って左右二股に分かれており、これを子宮角という。そして必ずといっていいほど、左側の子宮角で妊娠するのである。排卵は左右の卵巣から交互に行われるようだが、妊娠については必ず左側だ。クジラたちの左右差も興味深いテーマだ。

かつて、「52ヘルツのクジラ」と呼ばれるクジラがいた。1989年、アメリカのウッズホール海洋研究所の研究チームにより発見されたが、そのクジラは、52ヘルツという特殊な周波数の声で鳴いていた。

音の特徴や音紋から、おそらくヒゲクジラ類だと推定された。しかし、通常のヒゲクジラ類では、シロナガスクジラであれば10～39ヘルツ、ナガスクジラであれば20ヘルツ前後の鳴き声が知られている。このクジラから記録された52ヘルツという数値はとんでもなく高い周波数で、これまで知られているどのクジラにも当てはまらなかった。一般に、ヒトに聞こえる周波数の可聴帯域は、低い音で20ヘルツ、高い音では20

キロヘルツといわれている。

当初は記録ミスや、クジラとは違う生物の発する音が記録されてしまったのだろうとその存在が否定されることもあったが、その後もこのクジラから数年に渡って52ヘルツの周波が記録され、確実に生き延び、成長していることがうかがえた。ただ、52ヘルツのクジラについていくら調べても、他の種のクジラと関わっているデータが認められなかった。それゆえにこの個体は、「世界でもっとも孤独なクジラ」と呼ばれるようになったそうだ。

実際、52ヘルツの音波を発するのであれば、どのクジラともコミュニケーションを取ることは難しく、本当に孤独だったのかもしれない。それでも、成長の軌跡が記録され、1シーズンに移動した距離は最長で1万キロを超えるシーズンもあったという。

このクジラの正体について、ウッズホール海洋研究所によると、いわゆるハイブリット種（この場合、シロナガスクジラと他のクジラとの混血種ではないかが有力）、または奇形であった可能性を指摘している。現在、このクジラの消息は不明のままだが、発見された年から考えればまだどこかで生きている可能性はある。

本書執筆中、このクジラがタイトルに入った小説『52ヘルツのクジラたち』（町田そのこ著、中央公論新社）が、本屋大賞を受賞されたと知った。クジラが小説のタイトルになることは珍しく、それだけでも興味が湧く。機会があったらぜひ拝読したい。

14頭のマッコウクジラが打ち上げられた日

最大体長16メートル強、ハクジラ類最大体長を誇るマッコウクジラは、世界中の海に棲息する。深海性のイカを主な餌とし、2000メートルまで潜ることができる。強力な音波をあの特徴的な頭部から発生させ、ダイオウイカなども一網打尽で捕らえることができる。

一度潜ってしまうと、1時間ほど浮上してこないため、ホエールウォッチングには向かない鯨種かもしれないが、潜水艦を思わせるフォルム、龍涎香や脳油といったマッコウクジラだけに見られる特徴も相まって人気の高いクジラである。

日本では、北海道から鹿児島県まで、全国各地でマッコウクジラのストランディングが年平均3〜8件の頻度で発生し、私にとってもいろいろな思い出のあるクジラである。

忘れもしない2002年1月22日。その日の朝、鹿児島県の小さな町の海岸に、14頭のオスのマッコウクジラが打ち上がった。10頭近いクジラが一度にストランディングするのは当時は非常に珍しいケースで、私もそれまで経験したことがないものだった。しかも、そのほとんどが生存しているという。

県内の水族館スタッフがすぐに現場へ駆けつけ、その日の午後2時の時点で、11頭の生存を確認。私たち科博のスタッフを含めて、各地の水族館、大学、博物館関係者が現場へ急行した。

ストランディングの一報を受けた翌日に、科博スタッフに同行し当時東大の大学院生だった私も現場に到着した。前日まで生存していた11頭のうち、すでに10頭は死亡していた。大型個体の場合、水中にいる間は浮力のおかげでその巨体も難なく動かすことができるが、いったん陸上に上がってしまうと、重力の影響で自らの体重を支えることができず、肺などの臓器が押しつぶされ、そのまま放置されれば、瞬く間に死に至ってしまう。

唯一、生き残っている1頭をなんとか沖に戻そうと懸命の努力が続けられているところだった。4時間の格闘の末、幸いその1頭は、まもなく海へ戻ることができた。

地元水族館のスタッフによると、14頭のマッコウクジラは、体長が11メートルから12メートルで、すべてオスということだった。「若オス集団かぁ」である。マッコウクジラのオスは、若いときに群れをつくって行動し、性的に成熟すると、群れから離れて独り立ちする。交尾する相手を探すためである。つまり、今回ストランディングした集団は、独り立ちする前の若オス集団ということになる。

ストランディングが起こった場合、そこの自治体の判断で、死体を適切な場所に埋設するか、または焼却して処理することになっている。しかし、このときは12メートルもの巨体であることに加え、その数も10頭以上と多かったため、自治体は海上保安庁にクジラを海に投棄する許可を求めていた。調査よりも、13頭もの大型クジラを速やかにこの海岸から移動させ、廃棄することが優先と判断したのだ。

現地へ到着した専門家たちは、あわてて外貌調査にかかりつつ、クジラの海上投棄をなんとか止めてもらうための対策検討会議が行われた。

同時に、ストランディングしたマッコウクジラについて、各地の博物館などから、骨格標本として保存したいという声が自治体へ続々と寄せられていた。その声に応える形で、海上廃棄はペンディング（保留）となった。解剖調査をしたり、骨格標本をつくったりすることになれば、相応の時間とお金がかかる。自治体としては、時間が限られる中、さまざまな条件を勘案して決断しなくてはならないのだから、そこは大変だろう。

自治体職員の方々は、埋設地の選定と、地元の漁協や住民の説得に追われていた。

その間、私たちは最低限の計測や撮影を行うことしかできない。本格的な調査は全体のゴーサインを待たなければ開始できず、腐敗の進む個体を前に時間だけが過ぎていった。

3日目、埋設予定地がとうとう決定した。そこで解剖調査も行うことになったのだが、この日からてんやわんやの日々が始まった。まずは、埋設場所までクジラを移動させるため、満潮時に合わせてクジラを海へ向けて曳航（えいこう）（船で引っ張ること）し、台船（海上作業用の箱船）につなぐ。しかし、13頭のうち2頭は回収しきれず、次の満潮まで待たなければならなくなった。作業は遅れ始めていた。そうこうしている間に、せっかく船に繋留していた1頭が流出し、近くの河口に再漂着してしまう始末……。

私たち調査チームは、滞在している間、近くにコテージを借りていた。修学旅行さながらみんなで食事をつくり、洗濯をし、クジラの個体につける番号札やサンプル瓶の作成に追われる日々。繋留している個体がまた流されないよう、見回り当番も決め、翌日の調査に備えていたのである。

4日目、前日に流出した1頭も回収し、13頭を繋留した台船は、朝の満潮を目指して解剖調査を行う海岸の沖合に向かった。しかし、朝は晴れていたのに天候が急変。急遽、近くの漁港に待避することになった。また、延期である。

クレーンに吊り上げられたマッコウクジラ（鹿児島県の海岸に打ち上がった個体）

吊り上げ作業用の大型モッコ（クジラをトラックに乗せるための大きな網）の到着を待って、調査は翌日に行われることになった。クジラたちの胸ビレが上がっているのが見えた。腐敗がどんどん進行している証拠である。

5日目、翌日の調査に備えて眠りについた深夜、突然コテージのドアがドンドンと鳴り響いた。驚いて飛び起き、ドアを開けると、深夜の見回り当番になっていた沖縄の水族館の方が、ずぶ濡れで立っていた。緊張感と切迫感に満ちた顔に、雨が滴っている。

「男性部屋ではないのですね。失礼しました」

「こんな夜中にどうしたんですか？　何かあったんですか？」

「じつは、大型モッコが到着したので、クジラを移動する作業が始まったんですが、クジラを運ぶトレーラーのタイヤがパンクしました。車体も破損してスタック（立ち往生）しました。陸揚げされた2頭目も、現在道路上で待機せざるを得なくなっています！」

なんとも困った状況になった。ここまで何度も会議を重ね、各地の博物館や大学は埋設にかかる費用を確保するよう動き、私たちも調査の準備を連日整えてきたのだが、クジラを運べなければ、すべてが水の泡となる。

そんな中、立ち往生しているクジラの悪臭により、近隣住民から苦情や不安の声が聞こえ始めた。さらに追い打ちをかけるように、新しいトレーラーを準備するのは時間がかかることがわかった。それに新しいトレーラーが来ても、壊れない保証はない。

こうなってしまっては、仕方がない。タイヤがパンクしたままのトレーラーに乗せられた1頭以外は、海上投棄することが決定された。つまり、その1頭以外は調査できないということになる。なんとかならないかと一晩中話し合ったが、どうにもならなかった。明るくなるのを待って、トレーラー上の1頭のみ新しいトレーラーに積み替えて埋設場所へ移動された

7日目、1頭だけだったが、ようやく解剖と調査を行うことができた。骨格は近くの海岸に埋設（124ページ参照）された。ストランディングした日から、すでに1週間。残念ながら腐敗が進行してクジラの内部は液状化し、死因を特定することはできなかった。

翌日には他の12頭の海上投棄も始まったが、あきらめきれず、合間を縫っていくつかの標本を必死で回収した。

最終的に、2月1日夜、海上投棄が終わり、すべての作業が終了。現場は、常に「想定外」と隣り合わせなことを身にしみて経験した出来事であった。

調査が叶わない、そんなときもある

なぜだろう。ストランディングは私が忙しいときに発生する、ような気がする。その日もそうだった。午前10時頃、茨城県の水族館から、

「漁港近くに、体長7メートルのクジラが漂流している」

という連絡が入った。

現地からメールで送られてきたクジラの写真を見ると、あまり見慣れない姿をしている。浅瀬の水面に浮いていて、全身を見ることができないせいかもしれない。しかし、たいていは頭部やヒレなど、体の一部を見れば、何らかの特徴で種の同定ができる。

「これはどうやら一般的な種ではなさそうだ」

そう直感し、すぐにでも現地へ駆けつけたい気持ちになった。科博からなら、現場まで車で1時間もかからない。ところが、よりによって、その日は私が取りまとめ役となっている研究プロジェクトの会議の予定が入っていた。

「どうしてこんな日に！」と思ったものの、「でも、待てよ」と思い直す。

今から地元自治体が、クジラを埋設場所へ移動するためにクレーン車やトラックの

手配を始めるとしたら、調査を開始するのは翌日になるかもしれない。明日なら現場へ行って調査ができる！

「田島さんは、どこまでもポジティブですねえ」

と、周りからなかば呆れられながらも、今までの経験から、こうしたケースは絶対に調査が翌日に持ち越されると、なぜか確信した。願えば叶うのである。現地から「明朝より埋設場所へ移動するようです」との連絡が入った。

「よっしゃ〜〜」とばかりに、私たちのチームは久しぶりの調査のため、準備を開始した。予定の会議が始まる前にほぼほぼ準備を済ませ、車の手配も万全。あとは明日を待つばかり、と気持ちはすでに現地へ飛んでいた。

そんな矢先、水族館から再び電話が入った。ナント、本日中にクジラを埋設する準備が整ったので、自治体の意向でこれからすぐに作業を開始することになった、という。

このとき、私は本気で「会議をドタキャンするか？」と考えた。なぜって、新種のクジラかもしれないのである。会議は別に今日じゃなくてもできる。一方、そのクジラの調査は今日しかできない。それなら、ドタキャンも許されるのではないか、と心が揺れ動いた。

そんな私のはやる思いを押しとどめたのは、他のスタッフたちの、

「残念です、今日は外せない用事があって行けません」

という冷静な声だった。

そうだった。私の会議も外せない用事ではないか。ドタキャンなどしたら、あまりにも多くの人に迷惑をかけることになる。しつこく後ろ髪を引かれながらも、深呼吸をして自分をなだめ、あきらめることにした。

水族館のスタッフの方が、写真撮影やサンプリングを行うために、すぐに現場へ向かってくださるというので、お願いするしかなかった。

会議を終えた頃、現場調査を終えた水族館の方から、クジラの写真が送られてきた。それを見て、やはり非常に珍しい種であるかもしれないことが判明。なぜ自分が行けない日にクジラが発見されるのか、と悔しさはつのるが、どうしようもない。

それでも、水族館のスタッフの方がサンプルを回収してくださったため、最後の望みをつなぐことができた。そのサンプルから種の同定を試みるのだ。検査の結果次第では、シロナガスクジラの赤ちゃん以来の〝国内初〟の貴重な種かもしれない。そうなれば、埋められたクジラを掘り起こし、改めて調査をすることも検討できる。目下、期待を込めて同定結果を待っている。

ストランディングの一報が入っても、調査が叶わない場合は多々ある。それは当然なのだが、そういうときに限って重要な事例だったりすることが多いのはどうにかならないものか。

アニメのパーマンが使っていたコピーロボットがいればなぁ。そんな非現実的なことを本気で考えたりする毎日なのである。

全国の砂浜に眠り続けるクジラたち

14頭のマッコウクジラがストランディングしたとき、1頭しか解剖調査できず、その1頭の骨格を「埋設した」と紹介した。これは、土に埋めて廃棄したということではない。将来的に骨格標本をつくる方法の一つなのだ。

クジラの骨格標本をつくるには、骨に付着した動物性タンパク質と油脂を十分に取り除く必要がある。良質な骨格標本をつくるには、高温で煮るのがベストだ（1章参照）。海の哺乳類以外でも、陸の哺乳類、魚類、鳥類、両生爬虫類など、脊椎動物の骨格標本は例外はあるものの、総じて高温で煮てつくるのが、質的にもコストパフォーマンス的にも一番いい。

ただし、10メートルを越えるクジラは骨も大きい。残念ながら、そのレベルのクジラの骨を煮ることのできる学術施設は国内に存在しない。科博にある特注サイズの晒骨機でも、最大5メートルのクジラが限界だ。

では、10メートルを超える大型のクジラの骨格標本をつくることができないのかというと、そんなことはない。大型のクジラがストランディングした場合は自治体と話し合い、発見した場所、またはその周辺の砂の中に「二夏（ふたなつ）」ほど埋設し、必要に応じて再び発掘するのだ。

ただし、漂着したクジラの死体をそのまま埋めればいいわけではない。

一通りの調査を終えたあと、骨格を残すための作業が必要となる。まず、クジラの骨に付着している筋肉をナイフなどである程度取り除いていく。それと平行して骨格を埋める穴を掘る。クジラの大きさにもよるが、体長10メートルのクジラであれば、10×5メートルほどのサイズの底が平らな穴を掘る。そして深さは骨格に1・5〜2メートルほどの盛り土ができるような深さが理想的である。この穴掘りは人手だけでは到底追いつかないため、地元の土建屋さんや港湾事業者さんに協力していただく。

掘り上がった穴の中に寒冷紗（かんれいしゃ）のようなメッシュ素材のシートを敷き、その上に骨が重ならないように一定の間隔を開けて並べていく。

骨を並べ終えたら、その全体像を写真に撮り、見取り図を作成して、どのような位置取りで骨が埋まっているのか、一目でわかるようにする。そのあと、骨の上に1・5〜2メートルの盛り土をする。埋設場所の四隅に杭を打って、ブルーシートなどで覆えば完璧である。

このとき、埋設した場所の情報をしっかり把握しておくことが重要で、1メートルでもずれていたら、いざ掘り出そうとしたときに、掘っても掘っても出てこないということになる。写真や手書きの見取り図の他に、GPSや周囲のランドマークからの計測値を記録して万全を期す。

しかし、自然の力はあなどれない。海岸に埋める場合はとくに注意が必要だ。2年も経てば、強風や潮の満ち引きによって、私たちが思う以上に地形は変わる。数メートル単位で上下左右に骨が移動することもあるのだ。地球も生き物なのか、と勘違いするほどである。

数年を経て、いよいよ発掘のときを迎える。砂の中から白い骨格が見えたときには、「よくぞ、ご無事でいてくれました」と、抱きしめたくなる。

骨を埋めておく理由は、土や砂の中にいる微生物たちが、骨に付着していた筋肉や腱、骨の中に溜まっている脂成分などの軟部組織をキレイに分解してくれるからであ

クジラの骨を砂浜に埋める作業風景

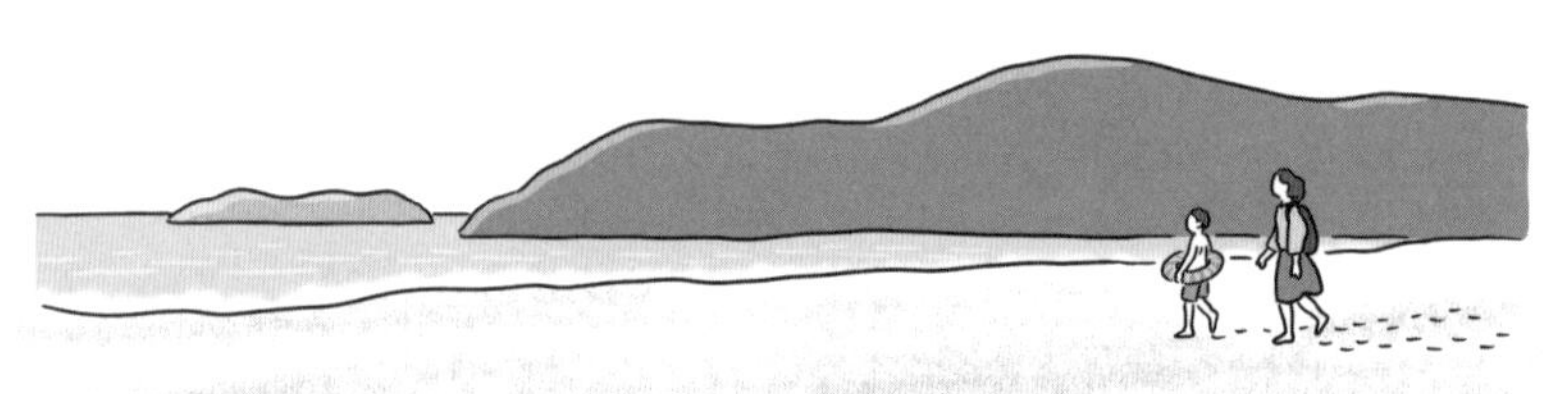

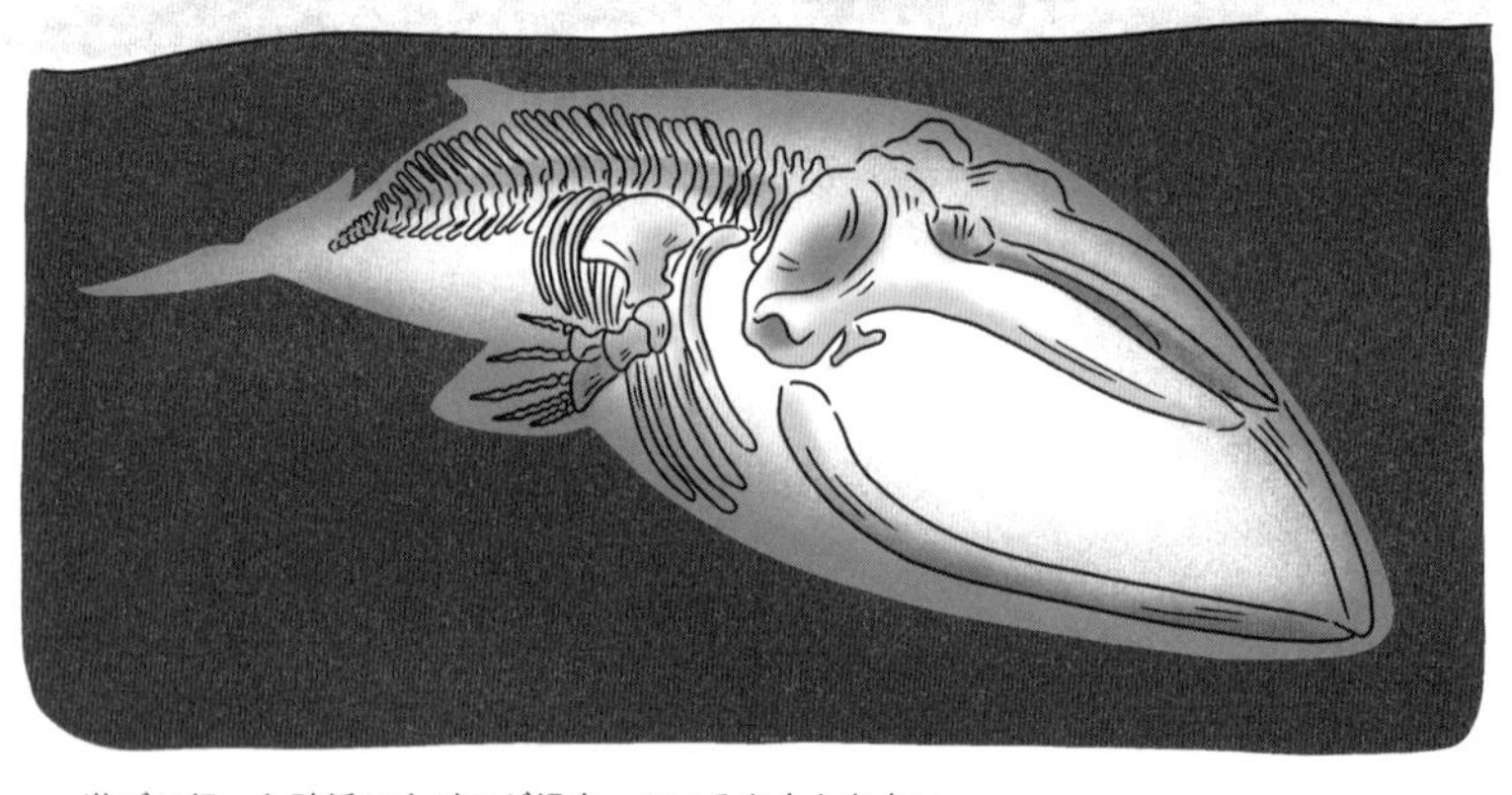

遊びに行った砂浜にクジラが埋まっているかもしれない

る。そのために「二夏」以上の歳月が必要で、この表現は四季がある日本ならではなのかもしれない。埋めたときよりキレイになって土の中から現れる骨を見て、自然のチカラに改めて感動するのである。

ちなみに、骨格標本のつくり方としては、「煮る」「埋める」以外にも、節足動物（カツオブシムシなど）に軟部組織を食べてもらう、あるいは馬糞を使って馬の腸内にいた細菌叢に分解してもらうなどの方法もある。

このように、大型クジラを埋設して骨格標本をつくる場合は、とても大がかりな作業になる。埋めるにも掘り出すにも人手や予算が必要なので、すべての大型クジラを掘り起こすことはできない。なるべく多くの骨格を標本として残したいのは山々だが、あきらめざるを得ないことも多々ある。そんなときは、「頭骨だけ」「骨格の一部だけ」を持ち帰って標本にすることもある。

一方で、埋設したクジラの中には、「二夏」をとっくに過ぎているのに、回収できていないものもある。それはそれで食物連鎖の一環として、微生物たちの食料にはなっているわけだし、悪いことではない。でも、クジラを研究する者としては、「もったいない」という気持ちは残る。その埋もれている骨から、これまで知られていなかった新たな発見があるかもしれないのだから。

今も、全国の浜辺で発掘されるのを待っているクジラの骨はたくさんある。

みなさんが家族で潮干狩りしたり、ビーチバレーを楽しんだりしている砂浜の近くには、クジラの骨が埋まっているかもしれない。骨らしきものが出てきたら、ぜひご一報いただきたい。

クジラの骨格標本は1頭あたり1000万円!?

海の哺乳類は、一つの個体が大きいため、ストランディングで貴重なクジラを得られても、収蔵方法や収蔵場所を用意するのに一苦労する。

たとえば特別展を開催することになったら、心臓や腎臓などの臓器標本、寄生虫標本や仮はく製などは、私たち科博のスタッフでも準備し作製できるが、〝展示の目玉〟となると、それ相当のクオリティの標本が必要になる。そのため、専門の標本作製業者さんに発注することになり、当然ながら費用が発生する。

海の哺乳類は、他の生物に比べて標本の大きさが尋常ではないので、予算の金額が1桁違ってくる。

たとえば、骨格標本を展示するには、一つ一つの骨を組み上げて形をつくる（交連骨格という）が、この作製費用がハンパではない。おおよその相場は1メートルにつき100万円。

以前、科博に保管されている体長12メートルのツノシマクジラ（ヒゲクジラの一種）

の標本の交連骨格を制作したときの費用は、ナント1000万円以上だった！

アメリカの国立自然史博物館では、旅客機の格納庫を標本の収蔵庫として活用し、そこに世界最大の動物であるシロナガスクジラの頭骨がずらーっと収蔵されている。

かつて日本は捕鯨大国といわれ、シロナガスクジラも多く捕獲されていた。しかし、現在、国内には日本周囲由来のシロナガスクジラ（成体）の完璧な全身骨格は一つもない。

そのため、必要なときは海外から購入するしかないのだ。購入するとなれば、1メートル100万円とすると26メートルのシロナガスクジラは……3000万円近くかかる。それとは別に海外からの輸送費も半端ない。そのため簡単に、

「シロナガスクジラの特別展を開催したい」

とはいえない現実がある。

クジラが1個体追加されただけで、他の生物とは比べものにならないほど予算が跳ね上がる。クジラに限らないが、財務課との交渉術も、博物館人にとっては大切な仕事だ。

3章

ストランディングの謎を追う

ストランディングって何ですか？

海の哺乳類に関係した仕事をしている人間にとって、「ストランディング」という言葉は、「ごはんを食べる」と同じくらい日常的なワードである。

なので、たまたま会った別業種の人にも、つい当たり前のように「昨日、○○海岸でストランディングが起こって車で駆けつけたんですけど、いやあ、ホント大変でした」などと話してしまうことがある。

すると、相手はきょとんとした顔で、

「ストランディングって何ですか？」

と聞き返してくる。

そのたびに、「ああ、そうか。ストランディングという言葉は、まだ一般的にはほとんど知られていないのだ」と実感し、自分たちがもっと伝えていかなければと改めて思う。

国立科学博物館では定期的に展覧会を開催し、ホームページでも最新情報を発信し続けてはいるけれど、何らかのきっかけがなければそのホームページの存在すら気づかれないのは当然だ。

「そもそも、ストランディングって何？」ということを、改めて詳しく説明したいと思う。

ストランディングは英語で「stranding」と書き、ストランド（strand）の動名詞形である。

ストランドという言葉自体、もともと水中（海や湖、河川など）と陸上の境に位置する〝岸辺〟を指す。また、水中から陸へ向かう動詞としても使われる単語だ。たとえば、運航中の船が浅瀬に乗り上げて座礁することや、車が砂浜で立ち往生した状態もストランドと呼び（車の場合、スタックすると表現することが多い）、自らの力ではその状況から抜け出せず、身動きがとれなくなった状態をストランド、またはストランディングと表現する。

同じように、海の哺乳類が何らかの理由で陸へ打ち上げられ、自力では海へ戻れなくなった状態を、ストランディングというのである。日本語では「漂着する」「座礁する」と訳されることが多い。

専門家の間では、漂着した個体が生きている場合を「ライブストランディング（生存漂着）」、死んでいる場合を「デッドストランディング（死体漂着）」と使い分けることもある。

また、クジラたちを含む海洋生物は2頭以上でストランディングすることも少なくない。母と子以外の、複数の個体がストランディングした場合は「マスストランディング（大量漂着）」と呼ばれる。2章で紹介した若いマッコウクジラが集団で海岸に打ち上げられたようなケースが、そうである。

クジラを含む海洋生物のストランディングは、海岸線のあるところならどこででも起こる。日本は四方を海に囲まれており、世界のクジラの約半数が近海に棲息または回遊していることもあって、年間300件近くのストランディングが報告されている。あくまで報告件数なので、人知れず流れついて海の藻屑となっているケースを含めると、もっと多いだろう。

日本と同じ島国で、海に接する領域の多いイギリスでは、毎年年間500件近いストランディングの報告数がある。なので、日本の〝300〟という数字が世界の中で飛び抜けて多いわけではない。としても、ほぼ毎日日本のどこかの海岸でストランディングは発生している計算になる。

ストランディングマップからわかること

海に囲まれた日本では、どの海岸でもストランディングが起こる可能性はある。ストランディングが報告されていない海岸もあるが、それは得てして人の住んでいない地域や、人があまり訪れない海岸である。

死体で発見されたクジラも、漂着した場所で死んだとは限らない。海で死んだあとに海岸に流れついたり、他の海岸で死んだ個体が波や海流によって移動することもある。

いずれにしても、本来の棲息域を大きく外れてストランディングすることは少ない。季節的に回遊する種は、日本近くに回遊してくる時期にストランディングが発生する。南方系の種は南西諸島から九州、四国あたりまで、北方系の種なら、北海道から東北地域まで、それぞれストランディングが発生する傾向にある。

たとえば、北半球のザトウクジラは、夏場は餌の豊富な高緯度地域のアラスカ周辺に棲息しているが、秋から春先までは、繁殖海域の沖縄や小笠原諸島に回遊する。人間側からすると、ホエールウォッチングの最盛期である。子どもを産んだザトウクジラは、再びアラスカ周辺へ戻るが、その途中で日本沿岸を通る。この時期に比較的若いクジラがストランディングすることがあるのは、そのためだ。

また、スジイルカやカズハゴンドウ（イルカの仲間）は、春先に日本沿岸でストランディングする件数が増える。この時期に、餌を追いながら黒潮に乗って北上するためである。

一方、日本の沿岸域にずっと棲息しているイルカの仲間（スナメリ、ミナミハンドウイルカ）は、1年を通してストランディング報告があり、出産を迎える春や秋には、それぞれの幼体や新生児の漂着も増える。

棲息海域や回遊域から大きく逸脱した場所でストランディング個体が発見されたときは、明らかな原因のある場合が多い。「病気にかかっていたのか」「外敵に追われて座礁したのか」「寄生虫により方向感覚が正常に機能しなくなったのか」など、その原因を注意深く調べる必要がある。

その他、夏場の台風や冬場の大しけによって、海から岸に向かって強風が吹くと、外洋性（外洋を本来の棲息域としている鯨種）の個体もストランディングすることがある。漁業の盛んな地域では、網に絡まったり、漁具に引っかかって漂着することもある。

稀に、誤って海から川へ入り、そのまま遡上（そじょう）してしまう個体もいる。塩分を含む海

日本近海のストランディングマップ

水から淡水に移動すると、海に適応した哺乳類はほぼ助からない。2002年に東京都と神奈川県境を流れる多摩川に姿を現し、一大旋風を巻き起こしたアザラシの「タマちゃん」が、なぜ河川でもあんなに元気だったのかについては、5章のアザラシの項で改めてふれたい。

なぜクジラは海岸に打ち上がるのか

ストランディングについては、博物館の展覧会や講演会などでお話しする機会も多い。

時々、ストランディングの調査現場で、集まった方々に説明する機会に恵まれることもあり、私はそれがとても嬉しい。実物のクジラを目の前で見ていただきながらお話しすると、みなさん、とても興味深そうに聞いてくれるからだ。

本来、解剖調査は時間に限りがあるので、サクサクと作業を進めなければならず、作業真っ只中では質問されても対応できないこともある。これはお許し願いたい。私の場合は、調査が一段落した頃合いであれば、できるだけみなさんの疑問にお答えするようにしている。

「このクジラはどうして海岸に打ち上がってきたのですか？」

「なぜ死んでしまったのですか？」

という質問には、いつも
「そうなんです！　私たちもそれが知りたくて、こんなに血まみれになって調査しているのです！」

と答える。そして、日本の海岸では毎日のようにストランディングが起こっていることを伝えると、

「えぇっーーー！」

と、一様に誰もが驚く。クジラが海岸に打ち上がった映像は、ニュースなどで見たことがあっても、そんなことは稀なことだと思っている人が多いのだと思う。

他にも、「皮膚の感触はどんな感じなんですか？」「歯はあるのですか？」「眼はどこですか？」など、その個体を見て感じたことを、興味深く質問してくださる。

しかし、みなさんが一番知りたい「ストランディングした原因は何？」にすべて答えられないもどかしさが、いつも心のわだかまりとして残る。

ストランディングした海の哺乳類を調査する目的は、研究テーマによって異なる。

しかし、なぜクジラが死んだのか、なぜ海岸に漂着したのか、この二つは研究者だけ

でなく、一般の方から一番多く受ける質問である。わたし自身、この世界に飛び込んだ動機はまさに「ストランディングの原因を解明したい」であり、多くのみなさんと同じ疑問を抱いている。

世界各地で発生するストランディングの原因は多種多様と考えられていて、原因が相互に絡み合っている場合も多い。ストランディングする生物も哺乳類に限らない。ウミガメやメガマウス、ダイオウイカなどもストランディングする。

自然の摂理として、生物はいずれ死ぬ。その結果、たまたま海岸に打ち上がってしまったのなら、「そういうこともあるか」と納得できる。

しかし、実際にストランディングした個体を調べてみると、どうもそれだけではないらしいことが少しずつ明らかになってきた。世界中の研究者が、ストランディングの謎に挑んでいる。

ストランディングの原因としては、これまでに次のようなことがわかっている。

一つは、病気や感染症である。私たち人間と同様に、海の哺乳類も重篤な病気や感染症にかかると死に至る。そうした個体がストランディングすることは世界的に知られている。伝染性の強い病原体であれば、一度に多くの個体が命を落とし、マスストランディングする。1頭であっても重篤な病気や感染症にかかっていれば、それを調査し研究することで、病気の成り立ちや、水族館で飼育されている個体の治療法の糸口につながる場合もある。

二つ目の原因は、餌の深追いである。餌となる魚類や頭足類（イカ、タコなど）を追いかけることに夢中になって浅瀬に入り込み、座礁してしまうことがあるようだ。海の哺乳類は、水中にいる間は浮力のおかげで数十キロから数トンもの体重を難なく支えているが、一度陸に上がると、重力が一気にかかり、自分自身では身動きできなくなる。その結果、ストランディングしてしまうことがある。

三つ目の原因は、海流移動の見誤りである。日本周辺の海域では、季節ごとにさまざまな海洋生物が海流に乗って移動しているが、移動時期を見誤るとストランディングしてしまう場合がある。

たとえば、南から北上する種類はもともと南方に暮らしているため、寒いところは苦手である。それでも、餌を追い求めたり、交尾の相手を探したり、新しい棲息域へ移るなどの理由で、初春から初夏にかけて、暖流の黒潮に乗って北を目指す。その中で春先に一足お先に北上してきた個体群が、定期的に茨城県や千葉県の沿岸に大量漂着するのである。こうした個体を調査しても、病気や感染症は見つからず、長い間原因解明に難航していた。そこで、ストランディングしたときの海流や天気を照合した

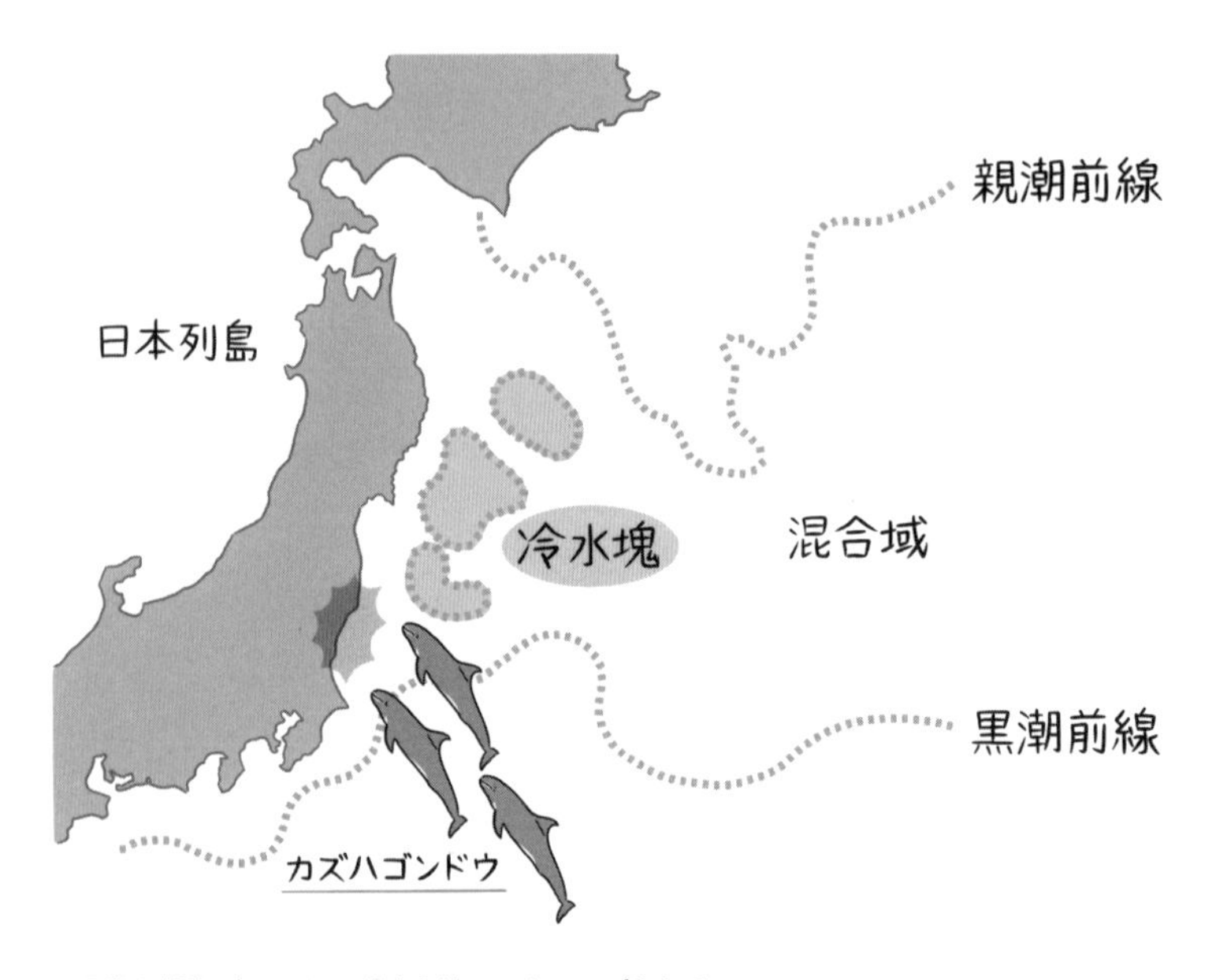

黒潮と親潮がぶつかる「冷水塊」にトラップされる

ところ、興味深い事実が浮かび上がってきた。

千葉県銚子沖の少し北側では、暖流の黒潮と寒流の親潮がぶつかる「亜寒帯収束線」と呼ばれる海域があり、その黒潮と親潮がぶつかる沿岸側に生じる〝冷水塊〟と、ストランディングする地点が、ほぼほぼ合致することが判明したのである。ということは、春先に北上してきた南方系の鯨種が、誤ってこの冷水塊にトラップされ（閉じ込められ）、そのまま大量漂着につながったのではないかという仮説が立てられる。以後も同様の発生事例が確認できたことから、今ではこの説がある地域や個体群では有力であることがわかってきた。

　また、例外的な事例として、2011年3月11日に東日本大震災が発生した際、その約1週間前の3月6日に茨城県でカズハゴンドウというイルカが、50頭近く大量にストランディングした。

　さらに、2011年にニュージーランドでマグニチュード7クラスの大地震が発生したときも、その直前にヒレナガゴンドウが100頭以上、被災地の近くの海岸に大量にストランディングしている。

　東日本大震災のときは、地震の起こる数週間前から根室海峡の海底ケーブルに設置されていた音声録画データにも、地鳴りのような音が反復して録音されていたことが、のちに報告されている。

　茨城県の海岸にストランディングしたカズハゴンドウを病理解剖しても、感染症などの病気は見られなかった。ということは、この二つの事例は未曾有の地震によりストランディングしたのかもしれない。

　しかし、だからといって、

「地震大国といわれる日本だから、国内で年間300件もクジラのストランディングが起こっているのか」

と考えるのは早計だ。実際に、地震発生時期とストランディング発生時期を検証したことがあるが、今のところ因果関係を示すデータはない。その他、磁場説や寄生虫説など諸説の報告はあるものの、どれもある事例だけに当てはまる説であり、すべてのストランディング事例に反映できるものではない。

少しずつその原因は解明されつつあるが、ストランディングの本質的な原因が未だにつかめていないからこそ、私たちは調査を続けている。

調査には一流の道具を使うべし

学生時代にスキーが流行した頃、スキーの上手な先輩から、「身なりを整えることが上達の秘訣」と教えてもらったことがあった。今の仕事を始めてから、この言葉がいろいろな場面で頭によみがえる。

ストランディング調査のときも、適切な道具や服装を整えてこそ、効率的に、正確な調査ができるのだと実感する。

たとえば計測器。計測に使う機器の性能はとても重要だ。ストランディング調査は、漂着した海の哺乳類の体長やヒレの長さなどを測ることから始まる。この最初の計測値をもとに、種を特定したり、成長段階や繁殖期などを推定する。少しの誤差で、最初の推定を誤ってしまうこともある。だから、よりよい計測器を使用する必要がある。

試行錯誤の結果、建築などの測量現場で使われる機器や道具を応用して使っている。スタッフ（測量器具）、折れ尺、巻き尺、赤白ポール（測量器具）、コンベックス（スチール製の巻き尺）はその代表だ。やはり、業界のトップメーカーの器具は、価格も高いが、性能が優れているものが多い。ちなみに、トップメーカーの一つに私の名字と同じ「TAJIMA」がある。スタッフの間で、「やっぱりTAJIMAのコンベックスはいいよね……」などの会話が飛び交うと、なぜか照れくさくなる。

計測が終わったあとは、ストランディング個体を撮影する。このときのカメラの性能も、研究・調査に大きく影響する。

私がこの仕事を始めた頃は、まだフィルムカメラが主流で、撮影した写真を現場で確認することができなかった。数日後に現像所から届いた写真が、ピンボケだったり、大事なヒレの部分がフレームから外れていてがっかりすることもあった。

稀に、「フィルムを入れる向きを間違えました……」という、本当に笑えない大失敗もあった。

今は、デジタルカメラやスマートフォンのおかげで、そうした失敗もなくなり、撮影後すぐに、全国の研究者の求めに応じてメールやSNSで写真を送信できる。ストランディング調査の初動も断然早くなっている。

最近では、ドローン（飛行するデジタルビデオカメラ）や、防水機能を備えた小型軽量デジタルビデオカメラも活用し、18メートル級のヒゲクジラの全身を簡単に撮影できるまでになった。

こうした最新機器が続々登場し、利便性が高まるのは嬉しい限りだが、頭を悩ませるのが〝費用〟である。

トップメーカーの最新機器は、性能もいいが、価格もハンパではない。ドローンやデジタルビデオカメラの最高級品となると、目玉が飛び出るほどの額である。しかも、ストランディングの現場はとにかく慌ただしい。何らかのハプニングで、買ったばかりの高額機器が壊れる、水没することも十分考えられる。となると、

「無難な価格のものでも十分じゃない？」

という経理部の声にうなずいてしまいそうになる。

そんなときに、いつも思い出すのが、先に紹介したスキーの上手な先輩の言葉なのである。

博物館などに収蔵されている骨格標本の計測に、「アンスロポミター（人体計測器）」という、とてつもなく高価な計測器具を使うことがある。

アンスロポミターは、もともと人の骨格を測る目的でつくられた器具で、1台、ナント100万円くらいする。だが、それだけの価値は十二分にある。持ち運びできるよう組み立て式なのだが、その組み立て方も細かいところまで考えられており、一つ一つの部品も数ミリメートル単位で精巧につくられているため、正確な計測値を算出できる。

私はこのアンスロポミターを使って、海外のさまざまな国の博物館に収蔵されているヒゲクジラの頭骨を計測してきた。当時、前任者の山田格先生がクジラの新種記載を進めていたため、その関連業務に幾度となく同行し、作業の補助を担ったのである。骨格標本の正確なデータを分析することで、新種が発見されることもある。

スウェーデンでは、もともと馬小屋だった収蔵庫で計測。暖房のない屋外での作業で、吐く息は白く、手袋なしではあっという間に手がかじかんでしまうほどひどく寒かったことをよく覚えている。一方オランダでは、重要文化財級の素晴らしい外観の収蔵庫で計測した。このとき、休憩時間にいただいたオランダ名産のワッフルの味は今でも忘れられない。

アメリカでは、飛行機の元格納庫だった収蔵庫で計測した。そこに標本として収蔵されている飛行機と一緒に並んでいると、さすがのクジラの頭骨も小さく見えたものだ。

タイでは、クジラは海から来た神聖なものとしてお寺や道ばたに祀(まつ)られており、そのクジラたちの頭骨を計測するために、2週間の調査行脚を行ったことがあった。このときは、計53頭のヒゲクジラを調査することができた。

台湾では、知り合いの動物病院の2階の備蓄置き場のようなところに保管されたクジラの頭骨を計測。台湾の季節は、現地の人いわく、「暑い」か「もっと暑い」の二つしかないそうで、このときは

アンスロポミター。高価だけどその価値はある！

「もっと暑い」時期の真夏であり、それはもう汗だくで、着ているものが絞れるほど汗をかきながら計測したことを覚えている。

国が変われば、クジラの骨の保管場所もさまざまだということもわかり、とても貴重な経験だった。

外貌調査で原因を探る

ストランディングした個体は、まず外側を観察することが重要なのだが、それは外因性のストランディング原因を探るためである。これを「外貌調査」という。

外因性のストランディングの主な原因と、そのチェック項目は次のとおりである。

①「混獲」のチェック項目

人間が食べる魚貝類は、クジラやアザラシたちも大好物なため、餌を追いかけて誤って網に入ってしまうことがある。これを「混獲」という。そうすると、首や尾ビレに網が絡まったときにつくネットマーク（漁網痕）や、口先や胸ビレに刺し網に突っ込んでしまったときにできる裂傷痕が観察される。さらに、漁網自体がヒレや体に絡まっていることもあるので、それらを確認する。

②「事故」のチェック項目

船との衝突や船のスクリューやプロペラによる傷があるかどうかを確認する。

③「外敵」のチェック項目

海の哺乳類の外敵はシャチと大型肉食ザメで、そうした外敵の噛み痕や捕食された痕があるかどうかを確認する。

④「感染症」のチェック項目

私たち人間は風邪を引けば涙目で鼻水ズーズーになるが、海の哺乳類も風邪などの感染症にかかる。その場合、噴気孔（189ページ参照）や肛門などの天然孔から汚(お)穢(わい)色（糞便のような色）の粘液や悪臭がしないか、目や口の粘膜に異常がないか、さらには皮膚病などがないかを確認する。

もちろん、個体によって状況や状態は違うこともしばしばで、そのつど一つも取りこぼさないよう、観察や記録に神経を集中させる。

外貌調査の4つのチェック項目

人間やペットの愛玩動物、乳牛などの産業動物の場合、具合が悪くなれば、さまざまな検査や治療を行う。それでも、その甲斐（かい）なく死んでしまった場合、検査結果や臨床症状など、生前の情報が死因を特定するときに大いに役立つ。

しかし、野生動物の場合、そのほとんどで死ぬ直前の情報を知る術（すべ）がない。そのため、死んでしまったその状態を徹底的に調べることで、死因へ結びつく糸口を探っていく必要があるのだ。

内臓の調査は〝超ガテン〟作業

ストランディングした個体の外貌調査が終わると、いよいよ内部の解剖調査を開始する。クジラの解剖に使う道具や器具は、テレビドラマの手術シーンでよく登場するものとかなり近い。医療用の解剖刀、メス、ピンセット、鉗子（かんし）、両尖（りょうせん）ハサミ、腸切りハサミなどで、私の場合は大学時代から愛用している獣医領域の器具もある。

医療用以外の必需品としては「ノンコ」というものがある。木製の柄の先に金属のカギがついていて、魚市場などで大型の魚やトロ箱を引っ張るときによく使われているアレである。「手かぎ」ともいい、これが解剖調査にも大活躍する。

内臓を取り出す前に、クジラの厚い皮膚や膨大な筋肉を剝ぎ取っていかなければならないのだが、このノンコで皮膚を引っ張りながら刃物を入れると、スムーズに剝けるのである。

初心者の頃、先輩たちから「引っ張り90、入刀10」と教えられた。つまり、ノンコでどれだけ皮膚を引っ張れるかによって、皮膚を剝ぎ取る作業の進み具合が決定するということだ。

しかし、これは想像以上に〝超ガテン〟な作業である。皮膚がたるんでいると切り進めない。絶えずピーンと張った状態を保つ必要があり、切り進めていくほど引っ張る皮膚の範囲が大きくなって、より強い力がいる。

数人がノンコで皮膚を引っ張り、包丁で切り進める

5メートルまでの個体なら、私はほとんど1人でこの皮剝きは進めることができる。要は力持ちの部類なのだろう。しかし、ヒゲクジラやツチクジラなど10メートルを超え、皮膚がとくに頑丈な鯨種だと、1メートル四方切り進めるだけでもうへとへとである。腕の力だけではとても無理なので、両手でノンコを持ち、腰を使って全身で引っ張ることになる。切り始めの頃は1人で引っ張れているとしても、切り進めて行くうちにどんどん重たくなってくるので、加勢が必要となり、しまいには5〜6名で引っ張っていることもある。

15メートルを超える大型クジラの場合は、どんな力自慢の男性であっても、1人で皮剝きをするのは不可能である。ある程度の人数がいても、ノンコだけで大型クジラの皮膚を引っ張り続けるのは限界がある。そんなときは、皮膚に穴を開けてワイヤーを通し、そのワイヤーをパワーショベルで引っ張ってもらうのだ。

パワーショベルのような重機も、調査に欠かせない縁の下の力持ちである。今ではパワーショベルの大きさについ

て「コンマ45」「コンマ1以上」など、専門用語で指定できるようになった。「コンマ」とは、パワーショベルのバケット（アームの先についている掘削する部分）の大きさで、それによってパワーショベル全体の大きさや能力が決まっている。

たとえば、体長16メートル以上のマッコウクジラに対しては、少なくともコンマ45のパワーショベルを2台使わなければ、あの巨大な頭を動かすことはできない。そんな巨大な頭を、パワーショベルで器用に動かしてくれるオペレーターさんたちの操作技術には、いつも敬服の思いだ。本来の仕事と違い、動かすものがおそらく初めて遭遇

パワーショベルと人海戦術で大型クジラを引っ張る

したであろうクジラという生き物であるにもかかわらず、臨機応変に対応してくださる。そうしたところに職人魂を感じ、調査が終わる頃にはいつも大の仲良しになっている。

ここまでの作業でも、相当に体力を消耗する。しかし、解剖調査において皮剝きは最初のステップで、本格的な内臓の病理学的調査はここからが正念場である。

調査現場の必需品

捕鯨全盛時代には、巨大なシロナガスクジラでも、船の上で人間が解体していたと聞く。シロナガスクジラの幼体の大きさに仰天した私にとっては、成体を船尾にあるスリップからウインチを使って船の上に引き揚げ、解体していた時代は想像を絶する。最新機器などなくても、人間は経験と知恵でさまざまなことをやってのけるチカラを持っていることを実感する。

そんな時代に誕生した道具の一つに「クジラ包丁」というものがある。今では製作している会社は国内に1ヶ所しかないが、なぎなたのような「大包丁」と、木の柄がついた「小包丁」がある。これも大型クジラを調査するときに欠かせない道具である。

知り合いのオランダの研究者が日本に来日したとき、大包丁を見てとても感銘を受けたようで、帰国後その会社にクジラ包丁を注文したというエピソードもある。世界的にもとても貴重な包丁なのかもしれない。

大包丁は、クジラの皮剥きや頭部の切断といった大掛かりな作業に使い、小包丁は背中にある脊椎骨の椎間板を切ってバラバラにしたり、筋肉を剥いだりするときに使う。

クジラ包丁も一般的な料理包丁と同じで、切れ味を保つには絶えず研いでおかねばならない。優秀な研ぎ師が研いだクジラ包丁は、巨大なクジラの分厚い皮でも、最小限の力でスルスルと切り進められる。魔法の杖のごとしだ。

一方、内臓は、小包丁より一回り小さな解剖刀を使って一つ一つ切り出し、写真を撮って、重量を測

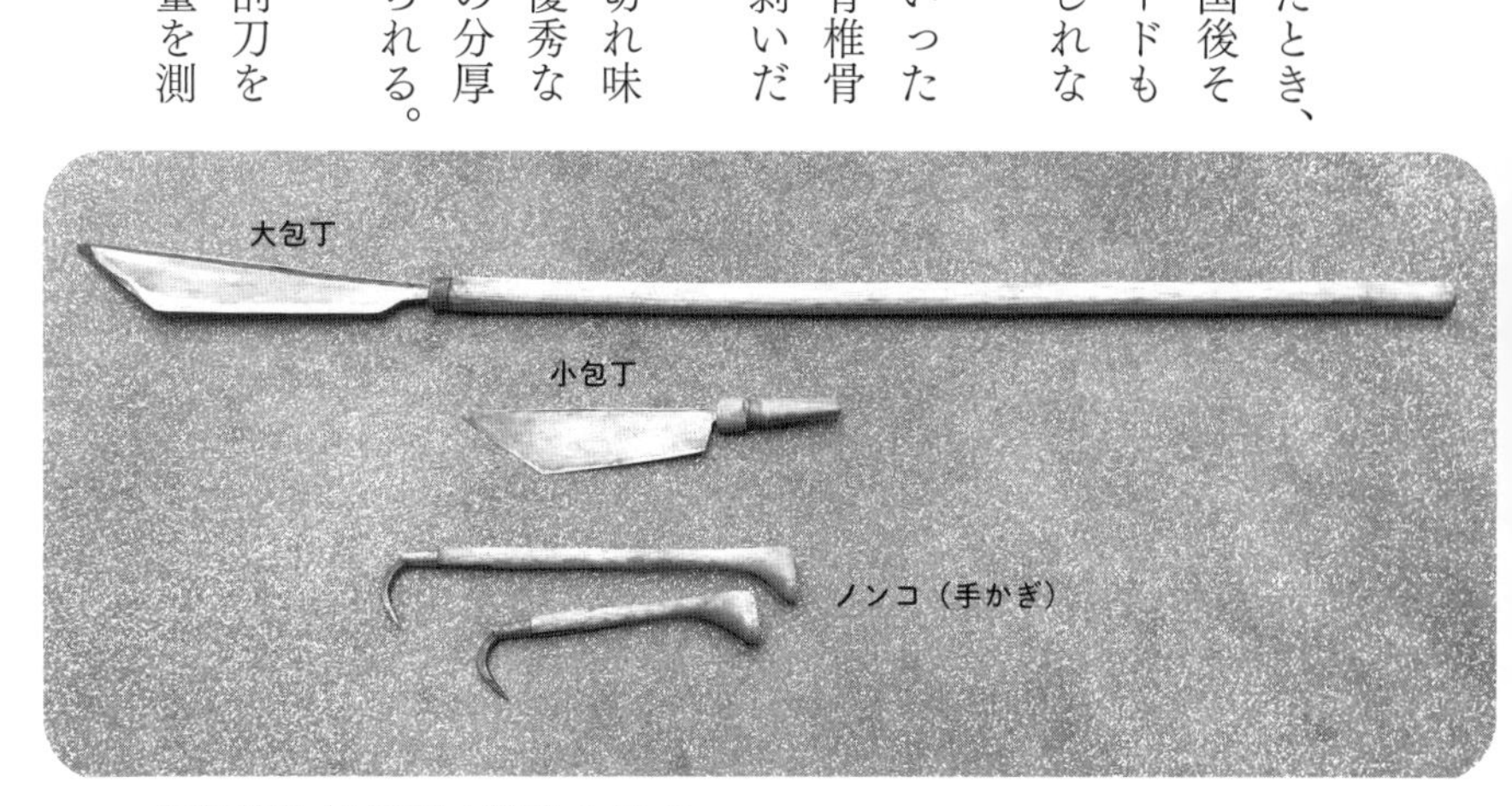

クジラ庖丁（大包丁と小庖丁）とノンコ

ったあと、必要な部位を回収する。

内臓の調査では、まず死因を探る。私たちと同じ哺乳類である彼らは、私たちと同様の病気にかかる。乳がんやリンパ腫などのがん、インフルエンザ、脳炎、肺炎、膀胱炎などの感染症に始まり、心臓病や糖尿病などの代謝疾患、動脈硬化にも陥る。

近年では、イルカの脳にも老人斑が発見され、つまり、アルツハイマー病にかかるかもしれないという説もある。その他、寄生虫の感染、環境汚染物質による内分泌（甲状腺や副腎）や生殖腺（陰茎や子宮、卵巣や精巣）の影響も観察する。

さらに、生活史の一環として生殖腺から性成熟度合も推察する。

私たち人間もそうだが、身体的成熟（いわゆる身長がいつごろまで伸びるか？）と性的成熟（いわゆる子孫の残すために生殖器が機能できるのはいつごろなのか？）の時期はズレるのが普通である。たいていの場合、性的成熟が早く、その後、身体的成熟が訪れる。

また、「異常」を発見するには、その動物の「正常」を把握しておく必要がある。海の哺乳類は、再び海に戻った変わり者だけに、その内臓も特有に適応進化したところがある。そうした背景で何が異常で、何が彼らに特有の進化であり正常範囲であるのかを整理して理解しなければならず、それには数をこなしてデータを蓄積していく

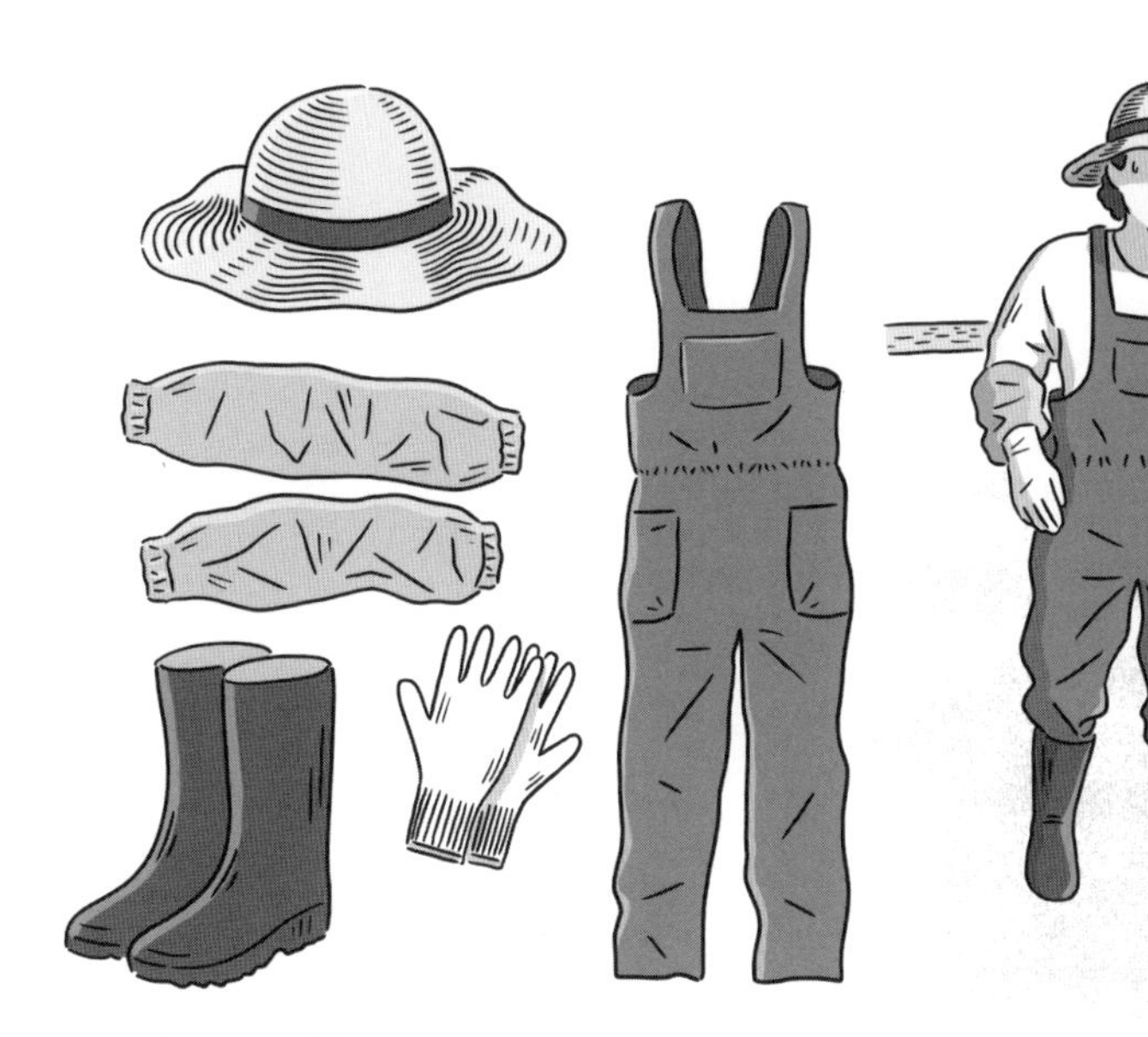

真夏でも、基本は重装備

しかない。日々鍛錬、継続は力なり、急がば回れ、なのである。

　作業をしている間、体にはクジラの血液や油脂が飛び散って、1章でお話ししたように、気づくと公衆トイレへ行くのもままならない状態になっている。

　そのため解剖調査を行うときは、耐油性の長靴を履き、汚れの落ちやすい安価な作業着を着る。足元が水に浸かる場所は胴長を身につけ、夏場は日除けのための麦わら帽子が欠かせない。

　血まみれ、脂まみれ、汗まみれの麦わら帽子姿で、テレビ局のインタビューを受けることもある。それを

たまたま目にした家族や友人は、労をねぎらってくれるどころか、

「なんてひどい格好なの」

「あの麦わら帽子はないわぁ」

と、非難ごうごう。おしゃれ帽子をいくつかいただいたこともある。

おしゃれ帽子を何度かかぶってみたけれど、調査現場では、やっぱりおしゃれより機能性。昔から農家の方が使っている、あの麦わら帽子がダントツに使いやすいのだ。

そもそも、血まみれでおしゃれ帽子をかぶっているほうがミスマッチ極まりなく、怖いに違いない。プレゼントしていただいた帽子たちは、今もクローゼットに大切にしまってある。これは内緒にしておこう。

幼稚園児に即席「クジラ教室」

ストランディング調査の現場に、近隣に住む子どもたちが来てくれることがある。そうなると即席の「海の生き物教室」を開催することもある。先日は、課外授業として海岸に来ていた幼稚園児の集団が興味深そうに近づいてきてくれたので、声をかけた。

「みなさ〜ん、こんにちは！　今日はクジラについて少し物知りになりましょう。クジラって知ってますか？」

クジラの内臓を並べてあるところへ手招きすると、子どもたちは走り寄ってきて、クジラから取り出したばかりの内臓を、キラキラした目で見ている。

私の経験からいうと、小学校低学年までの子どもは、クジラの死体や内臓を見ても怖がることはほとんどない。怖がるどころか、初めて目にする不思議なものに興味津々である。

「ここに並んでいるのはクジラの内臓です。どれが心臓かわかりますか？」

と質問すると、「コレだ！」「違うよ、こっちだよ」と、たくさんの声が返ってくる。

「じゃじゃ〜〜ん、これが心臓です！」

と指さすと、「おっきい！」といって、きゃっきゃと喜ぶ。そのうち慣れてきて、「お姉さんはここで何をしているの？」といった質問が飛んでくる。この〝お姉さん〟という言葉を聞くと、テンションが上がる。

「お姉さんはね、なんでクジラがこの海岸で死んでしまったのかを調べるために、クジラのおなかの中や体の外側をいろいろ見ています。おなかの中を調べると、クジラが何を食べているのか、何が好きなのかもわかるんですよ」

そんな話をすると、子どもたちは「へえ、クジラも好きな食べ物があるんだ」と、真剣な顔で耳を傾け始める。

そこで、もっとクジラを身近に感じてもらうために、クジラも人間と同じで、お母さんのおなかの中から産まれてくること、そして、お母さんのおっぱいをいっぱい飲んで元気に育つことなどを話す。すると、

「クジラの赤ちゃんも、ママのおっぱい飲むの？」

という質問がたいてい飛んでくる。子どもは「おっぱい」という言葉に敏感なのである。

そこですかさず、「そうそう、おっぱい飲むの」と答え、クジラは海の中にすんでいるけど、みんなと同じようにおっぱいを飲んで育つ仲間であること、だけど悲しいことに、赤ちゃんクジラが時々陸に打ち上げられて死んでしまうこともあり、なぜそんなことが起こるのかを、お姉さんたちは調べているのだと伝える。

「ママとはぐれて、赤ちゃんクジラかわいそう」

「海にいて魚みたいなのに、ボクらの仲間なの？」

「こんな大きなクジラがこの海を泳いでたの？」

など、ランダムに質問が飛んでくる。私にとって最高に幸せな時間である。

研究者は説明したくてたまらない

最初は少し怪訝（けげん）そうにしていた引率の先生たちも、目の前にいる大きなクジラや、そのおなかから出てきた内臓を見ながら、私の話を聞いているうちに、だんだんと身を乗り出して耳を傾けてくれるようになる。

きっと、本物のクジラや内臓を見ながら聞いた話は、教科書に載っている話よりも、ずっとずっと子どもたちの記憶に残るだろう。私はそう信じている。引率の先生たちの記憶にも。

もちろん、そんないい話ばかりではない。

以前、海岸にたまたま散歩に来たと思われる親子がいた。就学前と思われる幼い子どもが、ずっと私たちの作業を見ていたので、「こっちへ来て、近くで見てみない?」と声をかけると、親御さんがあわてて子どもの手を引っ張り、立ち去ってしまった。そんなこともある。

もっとあからさまに、「クジラの死体なんて汚くて臭いから近づいちゃだめよ」と、子どもを叱っている親御さんの声を聞くこともある。

でも、それはその親御さんが悪いわけではない。ストランディングという現象が起こっていることが、広く知られていないゆえだ。

もしも海岸で、クジラや他の生き物の調査をしている人を見かけたら、一休みしているタイミングを見計らって声をかけてみてほしい。時間に余裕があれば、きっといろいろ教えてくれるはず。なぜなら、研究者はみな、生き物たちの話をしたくてたまらない人ばかりだから。

日本と海外のストランディング事情

海の哺乳類のストランディングは日本だけでなく、世界中で頻繁に起こっている。

本書では海の哺乳類に焦点を絞っているが、その他にもクラゲなどの無脊椎動物や、サメなどの魚類、さらにはウミガメ、ダイオウイカなどの深海生物も、海岸にストランディングする。

欧米では、ストランディングした個体を調査する重要性や研究に活かす必要性が早くから認識され、データや試料を収集して体系的に管理するシステムが整えられてきた。

たとえばイギリスでは、14世紀からチョウザメとクジラは「王の魚（Royal Fish）」として特別扱いされてきた。ただ、クジラは魚ではないので、本当なら「王の魚とクジラ（Royal Fish and Whale）」にしてくれれば完璧だったのに、とも思うが、ともかく、20世紀になると、クジラのストランディングは大英博物館が管理することになった。

イギリスが国レベルで大々的に取り組むのは、これまでお話ししてきたように、ストランディング個体を調査および研究に活かす重要性を十二分に理解していたからである。大英博物館は国の博物館であり、調査後に標本が保管されれば、ナショナルコレクションとなり、国の宝となる。

一方、アメリカでは、捕鯨全盛期に海の哺乳類は激減したが、シロナガスクジラやセミクジラ、コククジラをはじめ絶滅の危機に陥った種が増加したこと、また、これまで活用していたクジラから取れる脂の代わりに、石油やガソリンという魔法の液体が発見され、これらのほうが使い勝手がよく、コンスタントに大量に回収できるなどの理由から捕鯨を全面的に廃止し、1972年には「海棲哺乳類保護法」(法律名は「海産哺乳類保護法」)が制定された。

これにより、国内のストランディングネットワークが急速に拡充され、州ごとに設置されたネットワークには、運営資金が国から支給され、組織も調査・研究班、ボランティア統括班、普及啓蒙班、学習支援班、施設班など細かく細分化され、専門のスタッフが何人も常駐している。ストランディングしたクジラの救護や死亡した個体の情報も、瞬時にネットワークのスタッフから関係者に伝わり、その後の調査・研究も資金や施設、人手の面でもスムーズに進む。要請すれば、軍も無償で動員できる。日本では夢のまた夢のような状況である。

どの分野であれ、専門家と呼ばれる人たちにも必ず「初めて」はある。その「初めて」から熟練者、専門家と呼ばれるまでに成長するには、長い道のりと多くの経験値が必要となる。そうしたことをしっかり教えて教育できる人、施設、資金、知識など、すべての面が整っているのがアメリカである。それは一重に「海棲哺乳類保護法」という大統領直下に制定された法律の賜だろう。

また、アメリカはイエローストーン国立公園のオオカミや沿岸のラッコやコククジラを一度は絶滅の危機に瀕するまで激減させてしまったが、そこから見事にすべて復活させている。そうした有言実行できる技術や知識は素晴らしいと思う。

さらに、カンボジアやミャンマーなどの開発途上国では、環境保護、生物多様性の保護プログラムなどを活用して、国を挙げて海の哺乳類を保護する取り組みを進めている。

生物多様性の保護プログラムとは何かというと、生物は1種だけ存在しても生き残ることはできず、生物種が多様にいて、それぞれが持ちつ持たれつの関係としてつながっているため、生物の多様性を破壊することは危険であり、どの生物が絶滅の危機に瀕しているのかを把握し、速やかに保護していこうというプログラムである。その一環として、国を挙げて海の哺乳類を保護する取り組みを進めている。

日本はというと、ストランディングに対して専門に対応する機関はないが、国立科学博物館や各地の自治体、水族館、博物館、大学、NPOと協力し合い、ストランディングに対応している。そして、国立科学博物館に収蔵される標本は、いわば、イギリスと同じく日本のナショナルコレクションとして未来永劫保管され、さまざまなことに活用できる。

「クジラなどの海洋生物の死体が海岸に漂着したら、地元自治体の判断で埋めるか燃やすかして処理してください」となることもあるが、私たちと協力体制を取りながら、対応できる場合も多い。

日本では、就学前の子どもでも、クジラやイルカの存在を知っている。水族館のイルカのショーは大人気である。しかし、そのクジラやイルカなどの海の哺乳類が、自ら海岸に打ち上がり、死んでしまう現象が世界中で起こっていることを知る人はまだ多くはない。かりに知っていても、それが自分たちの未来に影響するかもしれない重大な出来事だと考える人は、専門家を除けば、まだまだ少ないだろう。

もしも海岸でクジラを見つけたら

毎日のようにストランディングが起こっているということは、誰でも海岸でクジラに遭遇する可能性がある。

たまたま遊びに行った人気(ひとけ)のない海岸で、大型のクジラが打ち上げられているのを見つけたら、おそらく多くの人は、茫然としてしまうに違いない。クジラの存在感は、死体であっても圧倒的である。

「なんだコレ?」

と興味本位で近づくのは危険である。といって、あまりの驚きに、クジラを放置したまま立ち去ってしまわないでいただきたい。では、ストランディング個体を見つけたらどうすればいいのだろうか。

遠目から見て、息をしている、動いているなどの様子が確認でき、クジラが生きていると判断できた場合は、すぐに地元の自治体（県市町村の担当部署）か警察、消防署などに通報し、そこから近くの水族館に連絡してもらうのがベストだ。

生きた状態で海の哺乳類がストランディングした場合、できる限り海へ戻してあげたい。大型のクジラはなかなか難しいが、イルカ程度の大きさであれば、水族館に連絡してもらうことで、その経験

マッコウクジラを聴診して様子を確認する

値と専用担架などを駆使して、海へ返せる可能性が少し高まる。

体力を失って弱っていたり、ケガの治療が必要だったりする場合は、近くの水族館へ移送して一時的に収容することもある。野生個体を治療することは、その個体の命を助けるだけでなく、動物園や水族館にいるクジラやイルカの治療レベルを上げることにもなる。さらに、ある程度健康を取り戻したら、生態学、生物学、生活史などの研究者が調査を行ってから海に帰す場合もある。

ストランディングした個体を保護することは、通常は飼育の許されていない種の情報を得るかけがえのない機会ともなるのである。

一方、すでに死んでいるストランディング個体を海岸で見つけた場合も、まずは、地方自治体へ連絡するのが第一選択肢になる。

このとき、できれば同時に、地域の博物館または水族館にも連絡を入れてもらえるとありがたい。なぜなら、これまで何度もお話ししてきたように、死亡個体の場合、粗大ごみとして処理されてしまうかもしれないからである。

博物館や水族館の他にも、地域によってはストランディングを専門としたネットワークができている。次の五つはその代表だ（連絡先一覧は３３４ページ参照）。

・ストランディングネットワーク北海道
・ストランディングネットワーク茨城県
・神奈川ストランディングネットワーク
・伊勢・三河湾におけるストランディング調査ネットワーク
・NPO法人宮崎くじら研究会

その他の地域では、九州地区では長崎大学水産学部、四国地区では愛媛大学沿岸環境科学研究センター（CMES）でもストランディング対応を積極的に進めている。

私の所属する国立科学博物館では、こうしたネットワークや学術機関に加え、日本セトロジー研究会（http://cetology.main.jp/）や、各地の博物館・大学・水族館・協力者などと、ストランディングに関する情報を常に共有して調査、研究にあたっている。

そのため、ストランディングの発生した地域に関係なく、科博へ直接連絡を入れてもらえるのであれば、それも選択肢の一つにしていただきたい。科博のホームページには、私のメールアドレスや研究室の電話番号も掲載している。緊急の連絡先として、スマートフォンに登録しておいていただければ嬉しい。

女性研究者は大きいものに萌える？

海の哺乳類に関連する業界は、なぜか女性スタッフの占める割合がとても多い。博物館の研究者をはじめ、各地のホエールウォッチングスタッフ、水族館スタッフ、教育プログラムを主催する方々など、どの業界を見渡しても女性が多い。

聞くところによると、女性は自分より大きい海の哺乳類に対し、ある種の憧れ、尊敬、癒やし、幸福感などを抱く傾向があるという。異性に抱く感情と少し似ているのかもしれない。

女性が多いわりには、ストランディング現場の調査や標本づくりは、一昔前の言葉でいう3K（きつい、汚い、危険）の〝ガテン系〟で、博物館の他のフィールドも同様である。

必然的に女性であっても〝華奢（きゃしゃ）〟という言葉とはほど遠い筋肉がつき、日焼けをし、男性顔負けの大声を発するようになる。

いずれにしても、好きこそ物の上手なれで、体が小さい女性でも、経験を積むことにより現場で活躍している人は多い。

大学院卒業後にアメリカへ留学した際、西海岸に点在する有名研究機関に従事する研究者のほとんどが女性であることに、とても感銘を受けた。そして、彼女たちは理解あるパートナーがいる点で共通していた。第一線で活躍する女性たちを目の当たりにして、素直に「格好いい」と憧れ、いつかこうなりたいと思ったものである。

本書の執筆中、中学生に向けて理系の面白さを紹介する本の製作に関わる機会をいただいた。最近は中学生の、とくに女子が理系へ進学する率が減ってきているという。私の中学・高校時代も、理系に進む女子は少なかった。当時はまだ女性が社会の第一線で活躍することが当たり前ではなかったせいか、女性が理系に進むと、就職がより狭き門となるイメージがあったように思う。

実際、科博の動物研究部で、女性が常勤職員に就いたのは私が約50年ぶりで、現在も動物研究部の常勤19人中、女性は私1人である。世界を見渡せば、国のトップや重要ポストに女性が就任している国は決して少なくない。それも、結婚や出産などプライベートも充実している場合が多い。性別や年齢ではなく、個人を評価する社会になれば、女性が活躍できる場はもっと増えるのではないだろうか。これから科学の世界でも、活躍する女性がもっともっと増えてくれればとても嬉しい。

4章

かつてイルカには手も足もあった

イルカは「かわいいクジラ」である

海の哺乳類のうち、鯨類の中では、クジラよりイルカのほうに、より親近感を覚える人が多いのではないだろうか。クジラを実際に目にする機会はほとんどないが、イルカは水族館へ行けば会える。水族館によっては、イルカとふれ合うこともできる。テレビの動物番組でも引っ張りだこだ。

水中から顔を出し、こちらに向けられるイルカの顔は、笑っているようにも見える。イルカが笑うことを科学的に証明することは難しいが、じつはイルカの顔には、私たち人間と同じ「表情筋」と呼ばれる一連の筋肉がある。表情筋があることは哺乳類だ！という証の一つである。

とはいえ、表情筋の本来の機能は表情をつくることではなく、生まれたあと母親の乳首に吸いついて母乳を飲むための「ほっぺ」を形成したことで、その後、二義的に表情もつくることが可能となった。

そういうことでいえば、人間と同様に表情をつくる筋肉を持ち合わせているイルカにも、何らかの表情はあるのだろう。ただ、それが私たち人間のように「笑っている」「怒っている」「悲しんでいる」という表現と同じなのかどうかは現在のところわかっていない。

ダイビングをする人の話では、イルカの棲息している海域を何度か潜っていると、イルカのほうから寄ってきて、あたかも「一緒に遊ぼうよ」と誘ってくるような素振りを見せることがあるという。もちろん、餌は与えていない。

海にいる野生のイルカが、自分のほうから人間に近づいてくるなんて本当に不思議だ。しばらく一緒に遊泳し、ゆっくりどこかへ消えていくのだそうだ。誰に対してもそう振る舞うのかどうかはわからないが、ある一定の種がそうするようである。だとしたら、同じ哺乳類として人間に対して何かを感じているんじゃないか、と勝手に想像してしまいたくなる。

クジラにもイルカのように人に近づいてきたり、人が近づいても逃げない種がいる。しかし、クジラは一緒に遊ぶには大き過ぎる。かりに笑っていたとしても、顔がデカ過ぎて表情を読み取ることはおそらくできないのが残念だ。

「そりゃあ、クジラとイルカは全然違う生き物だもの」

ハンドウイルカ。正面からの笑顔

と思う人もいるかもしれない。しかし、じつはイルカとクジラは、生物学的には同じである。

イルカは、クジラと同じ鯨偶蹄目に分類される「鯨類」の一種である。歴史的に人間が「かわいい」「愛くるしい」と感じる種をイルカと呼び、雄大な姿に畏敬の念を覚える種をクジラと呼んできた。簡単にいうと、イルカとは〝小型のクジラ〟を指すのである。

一般的には、体長4メートル以下のクジラをイルカ、それ以上の大きさになるとクジラと呼ぶ。しかし、これもあくまで一つの目安に過ぎない。

いずれにしても、2章、3章でお話ししてきたクジラの話は、すべてイルカにも当てはまる。クジラは、ヒゲクジラとハクジラに大別できると説明したが、イルカと呼ばれているのは、もっぱらハクジラの仲間だ。ハクジラの仲間は、マッコウクジラを除くと、小~中型サイズが主である。

実際に、水族館によくいるハンドウイルカ、カマイルカ、イロワケイルカ、マダライルカ、シワハイルカ、スナメリ（ネズミイルカの仲間）などは、すべてハクジラの一種である。

手はヒレに、足は無くなる

もっとマクロな視点でいえば、イルカとクジラは人間とも同じ系統である。生物学における「系統」とは、生物がある一定の順序を追ってつながっていることを指す。共通の祖先を持つ個体群や類縁関係、血縁関係などである。

生物は、進化の過程でさまざまな系統に分かれてきた。私たち哺乳類も、その一系統である。哺乳類というのは、文字どおり、子どもを産んで母乳で育てる生物のことを指す。

身近にいるイヌやネコが、自分たちと同じ系統の動物であることは、理解しやすい。イヌやネコが出産・授乳している姿を見たことがあれば、なおさらである。

一方で、海の中をスイスイ泳いでいるイルカやクジラのことを、「人間と同じ仲間だよ」と伝えても、ピンとこない人のほうが多いだろう。

「だって、見た目が魚じゃん」

本当にその通りなのである。

一般に、系統が同じだと、見た目が似る。なぜなら、骨格をはじめとする体の基本構造が同じだからだ。

イヌやネコも、ぱっと見、人間とそっくりではないが、人間が四つんばいになれば、基本的なフォルムは似ている。あるいは、テレビの動物番組やインターネットの動画で、イスにふんぞり返って座っているネコの姿が「オヤジみたい」と話題になることもあるが、同じ系統だと考えれば、オヤジみたいな姿も納得できる。

これに対して、イルカやクジラには、人間やイヌのような手足は見当たらない。その代わりに、背ビレや尾ビレがあり、到底、自分たちと体の基本構造が同じとは思えない。だとすると「やはり魚じゃないか」という話になる。

生物は、自分の置かれた環境が変わると、その環境に適応するために、体の構造や機能などを大きく変化させる能力を発揮し、生き残ろうとする。これが成功すると、進化と呼ばれる。

イルカなどの海の哺乳類の先祖はどれも、もともと陸上で生活していた。しかし、何らかの理由で陸上から再び海へ戻った結果、陸上とまったく異なる海という生活に適応するために、体を含むさまざまな部分を大きくモデルチェンジしていった。

たとえば、海の中で水の抵抗を減らして素早く動くために、その体型はサメや魚類のような流線形に変化した。

水中で速く泳ぐための推進力は尾ビレに托し、その結果、後ろ肢は退化させてしまった。前肢はヒレ状にして、泳ぐときの舵取りを可能にした。

その結果、一見すると、イルカも魚のような外貌

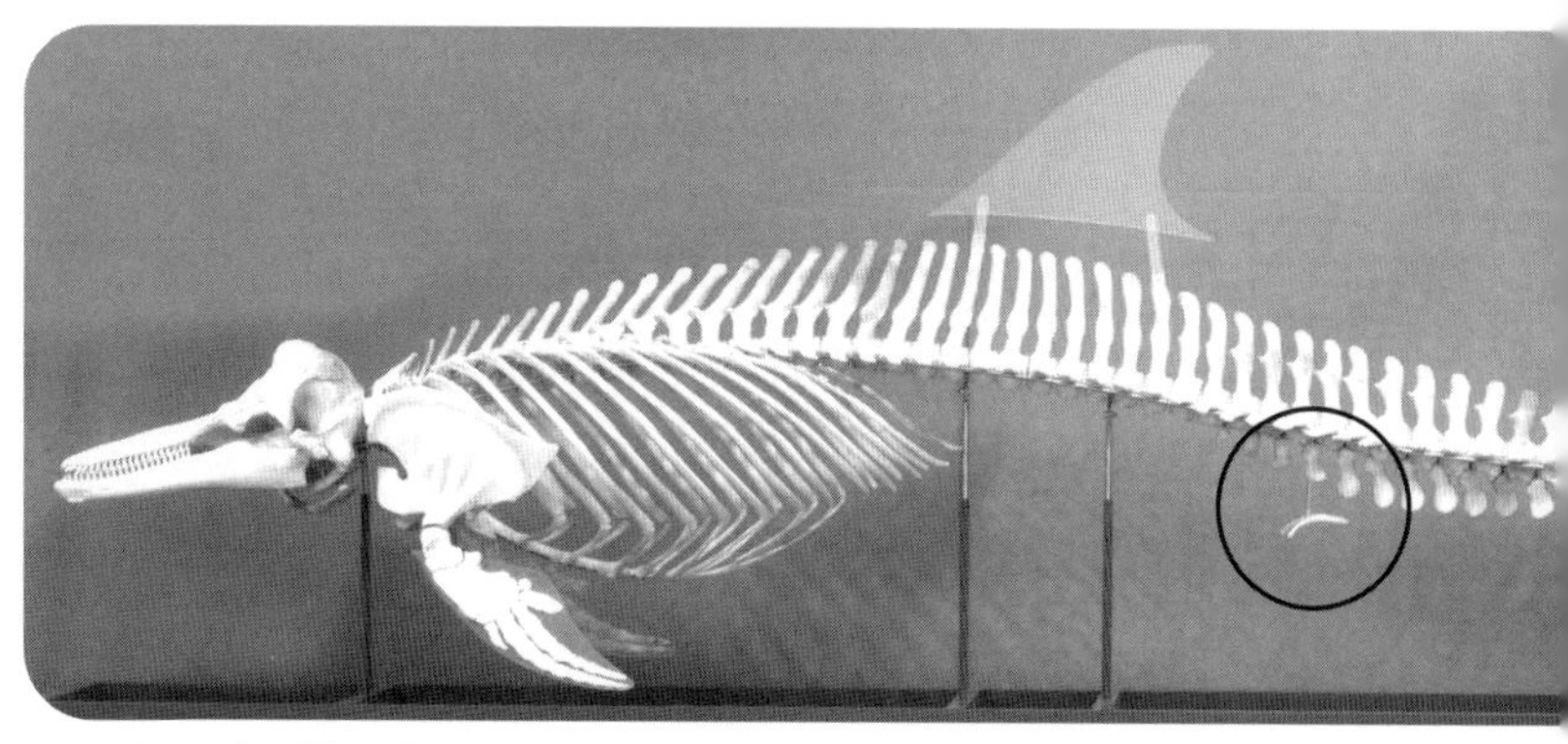

ハンドウイルカの骨格。後ろ肢は退化して無くなり、骨盤の痕跡が小さく残る

になったのである。このように、環境に適応する過程で、ある生物同士が偶然その外見や機能が同じになったり、似たりする進化を「収斂進化」、または「収斂」と呼ぶ。

魚のコスプレをした哺乳類

こうした話をすると、

「水中に適応するために魚みたいな体型になったなら、もはやイルカは魚じゃないの？」

という質問もよく受ける。

もしそうなら、私はこれほどイルカをはじめとする海の哺乳類に興味を持たなかっただろう。イルカなどの海の哺乳類の謎（もしくは魅力）は、まさにそこなのである。イルカの表向きの姿は確かに魚みたいだが、解剖して体の内側を細かく見れば見るほど、明らかにイルカは私たちと同じ哺乳類の系統だと実感する。

体の骨格の基本要素は、未だに陸の哺乳類と同じである。異なっているのは、それぞれの部位の骨の大きさや数だけだ。後ろ足が退化したことで骨盤は不要になったのに、イルカの体には今も骨盤の名残りがある。

サメは尾びれを左右に振って泳ぎ、イルカは尾びれを上下に振って泳ぐ

　また、海の生活に適応するために急遽つくられた尾ビレや背ビレも、皮膚が変化した〝仮のヒレ〟であり、魚類のような構造ではない。イルカに限らず、クジラやオットセイなど海の哺乳類はみな同じである。

　さらに、ヒレのつき方や、ヒレの位置、数なども、サメや魚類とは異なっている。とくに尾ビレに注目してみると、サメや魚類の尾ビレは体と平行についていて、これを左右に振って進む。

　一方、イルカの尾ビレは、体に対して垂直につき、背腹の方向に振って遊泳する。人間がダイビングをする際、足にフィンをつけて上下に動かしながら泳ぐ姿やイヌが草原を疾走するときに尾っぽを動かす方向と同様である。

　このように、一見、魚類にしか思えない姿かたちをしているイルカだが、骨格や内臓の要素を調べると、要所要所に哺乳類としての共通性が見えてくる。そして同時に、水中に適応するために獲得した特徴もわかってくる。

イルカの泳ぎの速さの秘密

　イルカというと、海の中でのんびり遊泳している印象が強いかもしれない。しかし本気を出せば、時速50キロメートルで泳ぐ能力を持っている。そんなに高速で泳ぐことができる理由の一つは、独特の泳ぎ方が関係していると考えられている。

　動画やアニメなどで、イルカが海面から飛び上がっては潜る、という動作を繰り返しながら泳ぐ姿を見たことがある方も多いと思う。あの泳ぎ方は「ポーポイジング（porpoising）」と呼ばれ、日本語では「イルカ泳ぎ」とも呼ばれる。イルカ以外ではペンギンも、ポーポイジングしながら泳ぐことが知られている。

　じつは、この独特の泳ぎ方こそ、イルカの高速泳ぎの原動力となっている。

「水中に潜ったまま泳いだほうが、体力も消耗せずにスピードアップできるのでは？」

ポーポイジングで息つぎしながら泳ぐ

まさにその通りである。たとえば、潜水したまま泳ぐ魚類のメカジキは、時速100キロメートルで泳ぐともいわれる。だが、イルカは哺乳類（肺呼吸）なので、泳いでいる途中で息つぎをしなければならない。そのため、水中に潜ったまま高速で泳いだとしても、定期的に水面から頭を出す必要がある。

普通に泳いでいるときは、それでも問題ないが、餌を追い求めたり、外敵から逃げたりする緊急時は、いかに息つぎしながら速く泳ぐか、が大きな課題となる。

頭を出したまま泳ぐと、頭の後方に渦が発生し、前に向かって泳ごうとする体を後ろ向きに引っ張る力が生まれ、泳ぐ速度が遅くなるのだ。それなら、むしろ全身を完全に海面から出してしまったほうが、泳ぐ速さは高まる。

そこでイルカは、一定のリズムで海面から飛び上がり、その際に息つぎをすることにより、スピードを保持しながら高速遊泳できる泳法（ポーポイジング）を身につけた、という説が有力だ。

イルカの流線形の体つきや抵抗を最小限とする先細りの吻先（ふんさき）も、こうした泳ぎ方を可能にしている。大型のクジラでは、巨体が邪魔をしてこの泳ぎを行うことは難しい。

イルカにとっても、あくまで必要を感じたときだけの泳法で、長時間ポーポイジングを継続することはできない。だというのに、緊急時でもないのに高速船の横をポーポイジングしながら並走するイルカをよく目にする。その様子を見ていると、同じ哺乳類である私たち人間に何らかのアピールをしているのかなと、勝手に想像して嬉しくなってしまう。

人間もイルカに、ほかの海の哺乳類とは違う特別な魅力を感じているように思える。

「超音波」で周囲の情報をキャッチする

イルカは、鼻の穴（噴気孔）の機能と構造にも大きな特徴がある。

通常、人間を含めて哺乳類は鼻の穴は二つある。しかし、イルカ（ハクジラ類）の鼻の穴は、頭頂部に一つしかない。頭骨には左右1対の鼻の穴があるものの、頭骨から鼻の穴に向かう途中で左右の通路が合流して1本になり、結果的に見える鼻の穴は一つになっている。この一つの鼻の穴を介して、イルカは酸素を取り込み、二酸化炭素を排出して肺呼吸をしている。

これは、イルカの鼻が呼吸以外にも重要な役割を担っているからだ。それが、他の海の哺乳類は成し得なかった「エコロケーション：反響定位」である。陸の哺乳類では翼手類（コウモリ類）が同じくこのエコロケーション能力を獲得している。超音波から可聴帯域の音波を発生させ、音の反響によって、周囲の状況や餌生物などを探索する能力のことだ。

外鼻孔の根元、つまり鼻の奥に唇のような形をしたヒダがあり、ヒダを震わせることでさまざまな音波を発生させている。人間がノドの奥にある声帯を震わせて声を出すのと同じで、鼻道に声帯があるようなものである。このヒダ状構造物は、外見がサルの唇に似ていることから、当初「モンキーリップス」と呼ばれていた。しかし最近では、音響に関する特殊な器官、ということで「フォニック・リップス（phonic lips：音唇）」と呼ばれている。

水の中は、透明度が高いところでも、視野の範囲は数十メートルが限界で、人気中のように視覚を使って遠くを見ることはできない。とくに、太陽の光が届くのは海表層のわずかな領域だけで、あとは真っ暗な世界となり、視界はほとんどきかない状態だ。

そのため、イルカは絶えずこの唇状構造物（モンキーリップス、フォニック・リップス）から超音波や可聴帯域の音波を発し、鼻の穴の前にある「メロン」と呼ばれる音響脂肪でその音波の方向や強さを調整しながら、跳ね返ってくる音波を受けて、周辺の情報を収集したり、餌を捕る。

この「メロン」の語源は諸説あるようで、果物のメロンに外見が似ているから、脂肪組織の断面像がメロンの表面にできる網状の構造に似ているから、などいろいろである。ともあれ、そのメロンを通った音波は何かにぶつかると跳ね返ってくる。その跳ね返った音を今度は受け取らなければならないのだが、ここでもまたイルカ（ハクジラ類）だけが獲得した特異な構造がある。

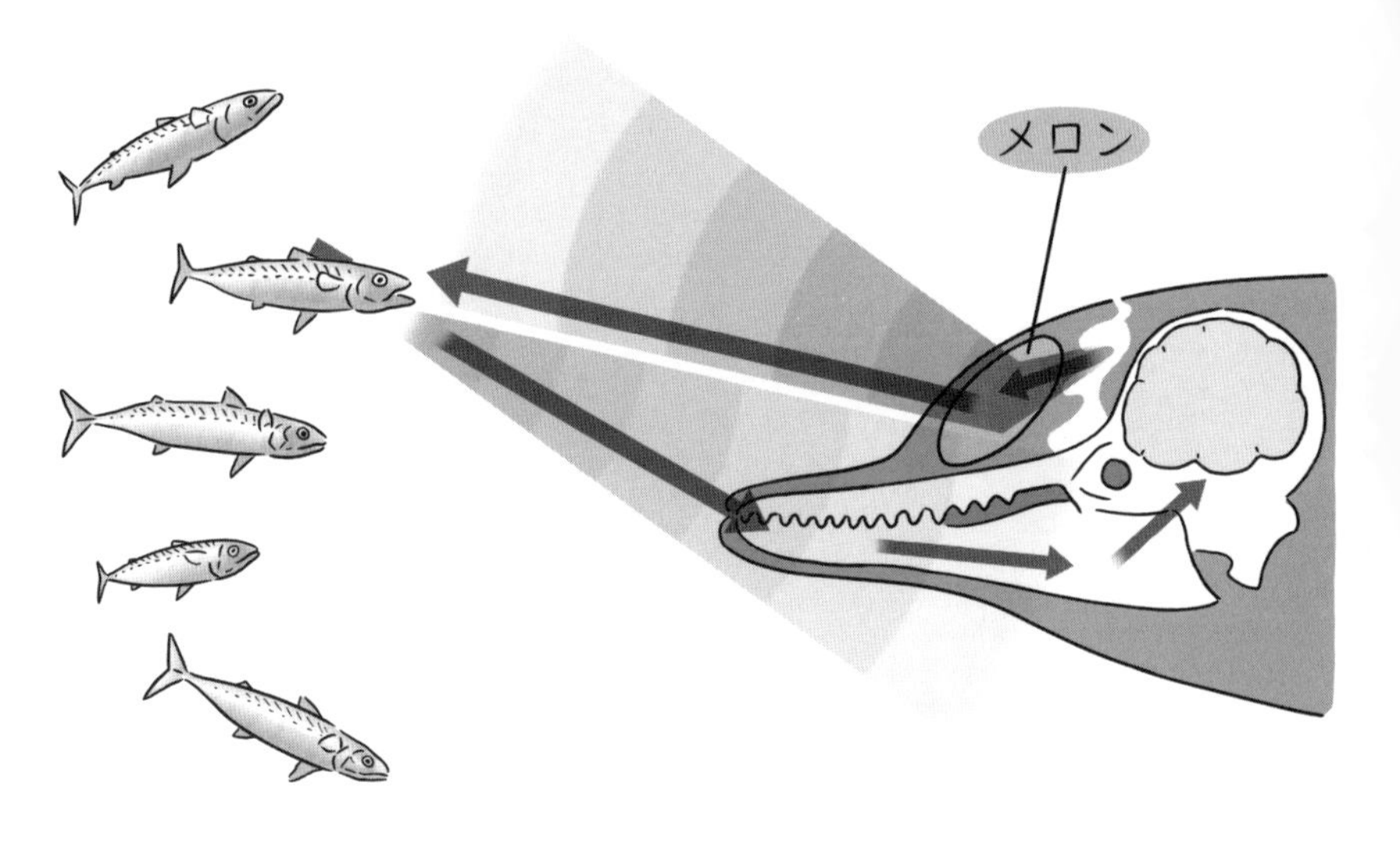

イルカの噴気孔とエコロケーションのしくみ

彼らには外からわかる耳介(じかい)はない。それは遊泳時に邪魔になるからだ。耳介とは、耳たぶを含めた外側から見える耳の部分を指す。イルカは、ヒトのように耳ではなく下顎骨で音波を受け取っている。跳ね返ってきた音は、下顎骨を介し、内側の脂肪組織に伝わると、脂肪組織がそれに合わせて振動する。

そしてその振動が内耳に伝わり脳に伝達されると「音波を聞き取り」、次のアクションに続く。ヒトの場合、耳の不自由な方が特殊な機械を装着し、骨伝導によって音を聞くしくみがある。原理はこれとおおよそ同じだ。メロンや下顎骨内側にある脂肪組織は音響に深く関わるため「音響脂肪」と呼ばれる。

周囲のものを探るときに出す音波はクリックスと呼ばれ、私たち人間には「カチカチカチ……」と聞こえるようである。仲間同士のコミュニケーションのときに出す音波はホイッスルといい、「ピュイー」と聞こえるらしい。

人間の聞こえる周波数は20ヘルツから20キロヘルツくらいだが、イルカの多くは100ヘルツから150キロヘルツという、とても広いレンジの周波数を聞くことができる。そのため、目的に合わせて発する周波数の回数や強弱を変化させ、自分と仲間のイルカとの距離を確認したり、餌の大きさや位置、天敵の姿や位置、障害物などの存在を認識するのである。

陸上の哺乳類では、洞穴の暗闇で生活している翼手類（コウモリ類）が同じ能力を持っている。翼手類では、私たちと同じようにノドにある声帯から超音波を発生させ、耳から音波を受け取っている。つまり、エコロケーションという同じ能力を持ち合わせているものの、海洋環境に適応したイルカ（ハクジラ類）ならではの特殊構造もある。

さらに、イルカには嗅覚を司る脳の部分（嗅球や嗅神経）がないといわれている。

「そもそも、水の中でニオイを嗅ぐのは無理では？」

確かに、私たちのように陸上生活に適応した動物の鼻の構造では、水中で嗅覚を働かせることはできない。海の中で鼻をくんくんさせたら、間違いなく溺れてしまう。

一方、水中で生活するアザラシやアシカの鰭脚類など嗅覚を持つものも存在する。嗅覚は、脊椎動物の祖先が、水中で生活していた頃から持つ、最も原始的な感覚である。現在の陸上動物は、上陸とともに嗅覚のしくみを変え、空気中からニオイ物質を検出する機能を獲得した。一方、海の哺乳類が再び水中へ戻ったとき、イルカはこの機能を水中で使えるよう変更できなかったのか、必要ではなかったのか、定かではないが嗅覚に関する神経系は備わっていない。ちなみに、ヒゲクジラ類はニオイを司る神経系は著しく退化しているものの持ち合わせており、大気中の化学物質をニオイとして識別できるようである。

イルカの場合は、ニオイを失った代わりに、エコロケーションという新たな能力を身につけた結果、嗅覚機能を回復する必要がなくなったという説もある。

イルカやクジラの内臓は丸っこい

イルカの解剖調査を行うと、内臓についても、陸上の哺乳類と異なる進化の跡がいろいろ見つかる。

たとえば、クジラと共通の祖先を持つ陸の哺乳類であるウシやカバなどの偶蹄類は、主食が草である草食動物に分類される。哺乳類は基本的に草に含まれるセルロースを分解することができない。

にもかかわらず彼らは草だけを食べ、美味しい牛乳やA5ランクのお肉を我々に提供してくれる。それはひとえに、草に含まれるセルロースを分解するために胃に微生物をすまわせたり、ウマやバクなどの奇蹄類では、発酵の場として盲腸や腸全体が重要な機能を果たしているからである。

これに対して海の哺乳類のイルカを含むハクジラ類は、ガンジスカワイルカなどを除いて盲腸が存在しない。イルカは、海へ再び戻った過程で、イカや魚のような動物を主食にする〝完全肉食性動物〟に変化した。つまり、セルロースを分解する必要がなくなり、そのため、盲腸が不要になったと考えられる。

とはいえ、同じ肉食性のヒゲクジラ類には、今も盲腸が残っている。それもかなり明瞭に残っている。残っているということは、何らかの機能を果たしていると思いたいが、その理由は明らかになっていない。今後の研究課題のリストに挙げられている中の一つである。

また、イルカは海へ戻ってから、口の中の構造もカスタマイズした。イルカの中には、独特の「歯」を持つ種がいること、そしてその役割については、2章のハクジラの項目で少し紹介した。他にも、歯の表面にシワのあるシワハイルカや、スペード形の歯を持つスナメリなど、特徴的な歯を持つイルカもいる。

2章で歯があるのに、餌を丸飲みする（吸い込み摂餌という）話もしたが、これが可能になった背景には、舌を支える骨、すなわち「舌骨」の大規模なカスタマイズも関係している。

餌生物を吸い込み摂餌するときは、口をわずかに開いた状態で、舌と連結する舌骨が胸骨から伸びる筋肉によって強く後方に引かれる。すると、口の中が勝手に膨らんで陰圧となり、自動的に餌が口の中に吸い込まれていく。これを可能とするために、イルカは舌骨を引っ張る強靭な筋肉と、大きくて頑丈な舌骨をつくり出したのである。おかげで、主食のイカやタコ、魚類などを吸い込んで丸飲みできるようになったのだ。

私たち人間を含む陸の哺乳類の多くは、歯を使って餌を捕り、歯を使って咀嚼して餌を飲み込む。そのため、餌を捕ることに無関係な舌骨は、一般にとても華奢である。それを水中でも効率よく摂餌できるようにカスタマイズし、見事、吸い込み摂餌を成功させたのである。

しかし、ここでまた一つ疑問が浮上する。

すでにお気づきの方もいるだろうが、餌を吸い込む（飲み込む）際、大量の海水ごと吸い込むのは大きなリスクを伴う。海水に含まれる塩分を適切に処理できなければ、体が干からびてしまうのは必至だ。

基本的に生物の体液には、ある一定の範囲で塩分やミネラルが存在している。塩分やミネラルは、生物が生きる上で欠かせない成分だが、過剰に体内に取り込まれると、今度は命を脅かす危険物質に変わる。これは海にすむ哺乳類も同様である。なので、なるべく海水は飲みたくないはずなのである。

同じ海にすむウミガメは、眼の下にある涙腺に塩分を調整する機能がある。もともと海にすんでいる魚類ですら、エラに塩分調整を担う塩類細胞がある。にもかかわらず、哺乳類であるイルカたちには、塩分調整をする器官が見当たらない。そうした機能も持たずに海へ戻り、よりによって海水ごと吸い込む摂餌方法を選択したのである。

「海水ごと餌を口の中に入れたとしても、餌だけ飲み込むことができれば問題ないのでは？」

そんな仮説を立てて、同僚と一緒に簡単な実験をしてみた。氷水を口に含み、氷だけ飲み込むことができるかどうか試してみたのだ。みなさんもやってみていただきたい。絶対にできないことに気づくだろう。

　おそらくイルカたちは、餌と共に一定量の海水も飲み込んでいる。となると、「塩分はどこで調整しているのか？」である。腎臓や腸で、体液となる真水や塩分をある程度調整をしているようだが、すべては解明されていないのが現状である。

　また、イルカをはじめとする鯨類の他の内臓は、全体にコロコロと丸っこいのが特徴である。長年、獣医系の大学でウシやイヌなどの内臓ばかり見ていた私は、イルカの内臓を初めて見たときにとても驚いた。哺乳類の肺は一般に右肺と左肺に分かれ、それぞれがさらに複数の小さな塊に分かれるが、イルカの肺は分かれることなく、発酵中のパン生地のように丸くコロっとした一塊の形状をしている。肝臓も然りで、分葉せずコロッと丸っこい。

　膵臓（すいぞう）は、汲みたて湯葉のようなふわふわとろとろした風貌が一般的だが、鯨類の膵臓は、唐揚げのようにしっかりとした塊状で存在する。脾臓（ひぞう）も、一般的な五平餅のような平べったい楕円（だえん）形とは違って鯨類では球状である。この脾臓を初めて見たとき、奇形だと誤診したほどである。

　ではなぜこのような内臓なのか。おそらく水中生活に完全に適応する過程で、内臓を丸っこく単純な形にすれば、そこに配置する血管も効率的に単純化でき、水圧や水温変化にも耐えうる内臓となる。また、球体とは物理的に外からのさまざまな刺激（圧や衝撃）に一番耐えられる形状とされる。これを考えると、鯨類の内臓が全体に丸っこくなっているのは、じつに理に叶った選択である。このように、内臓一つとってもちゃんと周囲の環境に適応し、生き抜いてきた証が垣間見られる。

イルカなどの鯨類は水中に適応するために、長い歳月をかけて最も効率よく体の構造を変えた動物といえるだろう。それでも、同じ水中生活者の魚類や甲殻類と比べると、呼吸するために毎回海面へ浮上しなければならないことや、生まれたての赤ちゃんは、生まれた途端にすぐに泳いで母親のお乳を探し、泳ぎながら

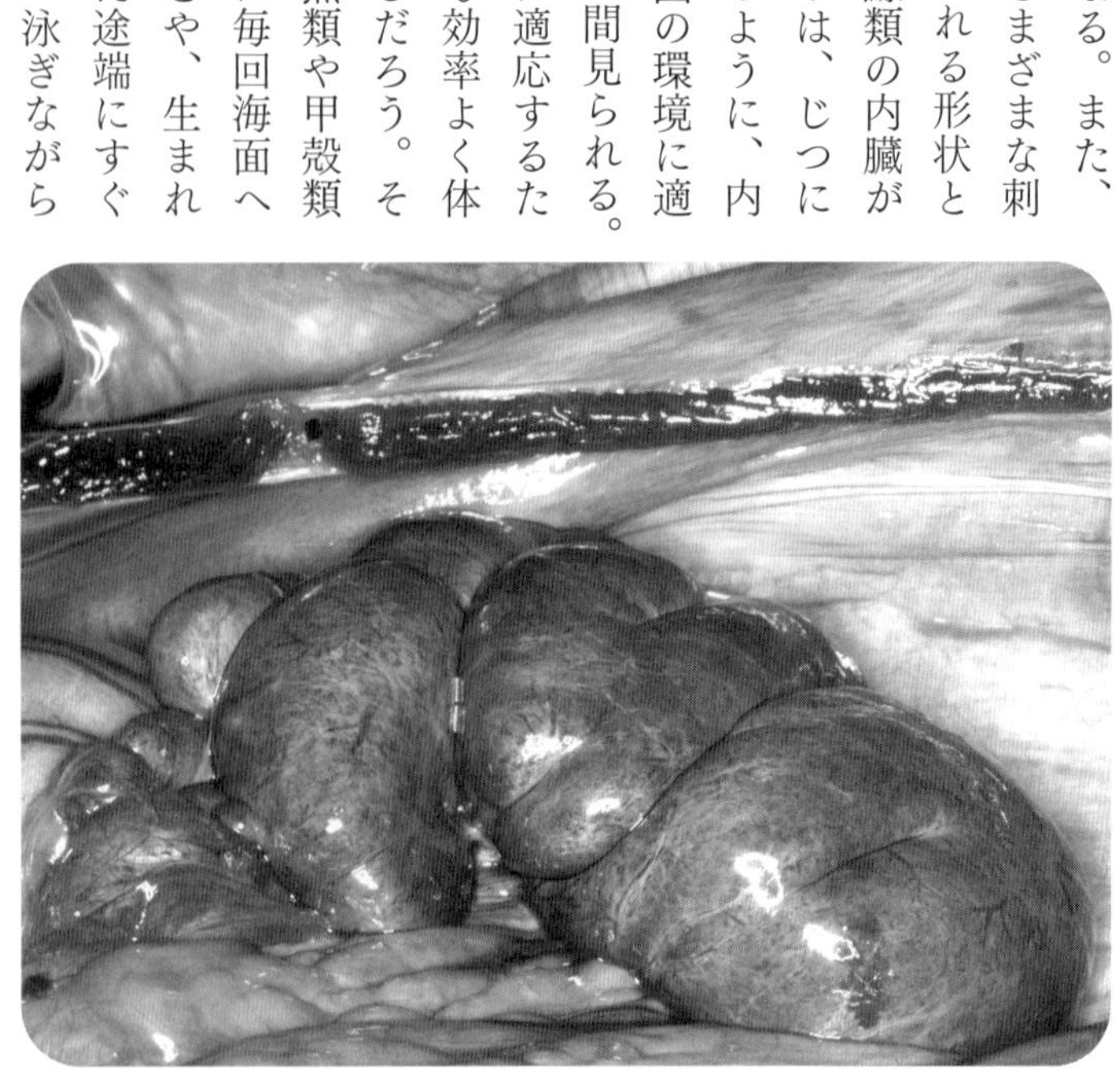

クリームパンのように丸っこい脾臓

飲まなければならないなど、不都合なことも多い。それでも、海で生き続けている。まだ、モデルチェンジの途中なのかもしれない。

いずれにしても、哺乳類や恒温動物、脊椎動物といった「系統」から見えてくる特徴と、環境に適応した結果、見える特徴がたまたま違う系統の生物と似てしまう、という偶然の「収斂」は、いつも相反する。生物の進化や生き方を考える際には、とても大切なキーワードである。

愛されキャラの〝スナメリ〟が教えてくれること

日本では、アザラシやオットセイなどの鰭脚類や、ジュゴン、マナティといった海牛類と比べ、クジラやイルカの鯨類のストランディング報告が最も多い。とくに、日本の沿岸にすんでいるスナメリは、1年を通してよくストランディングする。

スナメリは、アジアの河川や沿岸域に棲息する体長2メートルほどの小型のハクジラ類である。日本では「仙台湾から東京湾」「伊勢・三河湾」「瀬戸内海」「大村湾」「有明海・橘湾」の五つの海域に、大きな集団が棲息しており、集団内では1頭から数頭の小さな群れで暮らしている。

スナメリの名前は知らなくても、口から輪っか状の泡（バブリング）を出すパフォーマンスをするイルカを、テレビやインターネットの動画で見たことのある人は多いだろう。あれがスナメリである。

クチバシも背ビレもないスナメリは、見た目は「イルカらしくないイルカ」といえるかもしれない。

しかし、その丸っこくて愛らしい顔つきから、ハンドウイルカとその人気を二分するように、スナメリをモチーフにしたキャラクターやグッズが、海や地域の広報活動によく使われている。キャラクターやグッズは、子どもにも大人にも大人気である。

そんな愛されキャラのスナメリだが、海岸に頻繁に打ち上げられている現状を知る人は少ない。

長崎大学水産学部では、九州地区の海岸にストランディングしたスナメリの個体を冷凍庫に保管している。そして年1回、全国から解剖調査を希望する研究者を募り、さまざまな研究に供する試料や情報をみんなで得るための「解剖大会」を開催し、今では年度末の恒例行事となっている。

毎回、20～30頭のスナメリの解剖調査を行う。ということは、九州地区だけでも1年間にそれ以上のスナメリがストランディングすることを示している。

スナメリのバブリング

スナメリは、イルカの中でも海岸近くの浅瀬に棲息している。なぜ沿岸域を好むのか、それを探ることがこの解剖調査の目的の一つでもある。

これまでにわかっているのは、沿岸に棲息する餌生物を好んで食べること、体長2メートルほどの、それほど大きい種ではないので、外洋にいる比較的大きな種類とすみ分けをしているのかもしれないということくらいだ。

沿岸域に棲息していると、人間社会の影響を受けやすい。埋め立て工事によって餌や棲息場所が失われたり、河川経由、大雨経由で陸から流出する汚染物質にさらされるリスクも高い。

埋め立て地はその最たるもので、汚染物質の宝庫といっても過言ではない。パソコン、携帯、テレビ、自動車などの部品が埋め立てられれば、それらに使われている難燃剤、塗料などから環境汚染物質が河川を経て海へ流れ出ていく。

海の環境汚染については7章で詳しくお話しするが、海洋プラスチックなどの海洋汚染物質のうち、約7割が河川経由のものである、という報告もある。

「蛇口をひねったその先に海がつながっていることを感じながら、日々生活することが大切」

と、ある環境保護団体の方がいっていた。その通りだと私も思う。

日本の下水処理能力や施設は世界トップレベルかもしれないが、それでも検出できなかった、直径5ミリメートル以下のマイクロプラスチックが、海洋生物に甚大な悪影響を及ぼしていることが近年わかってきた。私たちが汎用しているコンタクトレンズ、歯磨き粉やボディスクラブのツブツブ、プラスチック容器の破片などが下水に流れ、そのまま海へ流れてしまうと、海洋生物の生死に関わる一因となるのだ。

たとえば、水質の悪化による餌の減少や溶存酸素（海水に溶け込んでいる酸素の量）の低下、また、環境汚染物質が体内に蓄積されると免疫能力が低下して病気にかかりやすくなる、さらに、海面が海洋プラスチックで覆い尽くされてしまうと呼吸ができない、などの深刻な理由で、スナメリが姿を消してしまう可能性がある。

スナメリのストランディング死体を目にするたび、スナメリが身をもって、人間社会の現状に警鐘を鳴らしてくれているような気がしてならない。

「マスストランディング」はなぜ起こるのか?

イルカのストランディングは、多頭で浜に打ち上げられるケースも多い。「マスストランディング」と呼ばれる現象である(136ページ参照)。先に紹介したように、日本では、カズハゴンドウと呼ばれるイルカが春先に千葉県から茨城県の沿岸に、多頭でストランディングすることがよくある。

最近の事例では、2015年、茨城県の海岸に5キロメートルにわたって156頭ものカズハゴンドウが打ち上げられたことがあった。

なぜ、このように一度に大量のイルカがストランディングするのか。

これまでにわかっている理由は、伝染性の強い感染症で群れごと肺炎や脳炎にかかり、ストランディングしてしまう、地球規模の磁場の変化による進路の選択ミス、頭蓋骨内に寄生する寄生虫が神経や脳を破壊することによって「エコロケーション」が正常に機能しなくなり、群れ全体がストランディングしてしまう、また、軍事演習による低周波ソナーを間違って受けてしまうと、びっくりして急浮上して、減圧症（人でいうところの潜水病）で死に至ったり、音波を受け取る音響脂肪や内耳周辺が破壊されてしまう、などがある。

さらに、社会性の高さゆえ、群れのうちの1頭が体調を崩すと、群れ全体でその個体の動きをカバーしようとする。体調を崩した1頭が群れのリーダーだった場合、リーダーの動きに合わせて群れが行き先を誤ってしまう、なども考えられ

イルカのマスストランディング。千葉県の海岸にて　© Surf Shop Village

ている。

〝小さな殺し屋クジラ〟「ユメゴンドウ」

日本の周囲に棲息しているイルカの中には、ストランディング実績がほとんどなく、長年「幻のイルカ」とされてきた種がある。それがユメゴンドウだ。

19世紀後半にその存在が初めて文献に記載され、イギリスの大英自然史博物館に頭骨が2個収蔵されていたが、全身骨格は存在せず、生態や全貌はずっと不明のままだった。

そんな幻のイルカを再発見したのが、日本のクジラ研究の先駆者であり、第一人者でもあった山田致知（むねさと）先生（以下、致知先生）だ。

1952年に、古式捕鯨発祥の地といわれる和歌山県太地町へたまたま仕事で訪れていた致知先生は、浜辺で漁師たちが「見たこともないイルカがいる」と騒いでいる声を聞いて駆けつけ、確かに見慣れぬそのイルカの全身骨格を持ち帰った。

国内のイルカの頭骨と一致せず、その後、大英自然史博物館にある2頭の頭骨と比較したところ、それと同じ種のイルカであることが判明。約1世紀ぶりの再発見とな

ユメゴンドウ。体長は約3メートルで口の周りとお腹が白いのが特徴

った。まさに夢のような大発見だったことから、鳥類学者の黒田長礼氏の提案で「ユメゴンドウ」という和名がつけられた。

ユメゴンドウは、体長3メートル弱で、頭部が丸くてクチバシがない。イルカの中では、ほっそりした体型をしており、10頭以上の群れで行動することが知られている。

英名は〃小さな殺し屋クジラ〃を意味する「Pygmy Killer Whale」。イルカの名前に「殺し屋（killer）」の文字が入っていることは、和名とのギャップが激しく、イルカのファンの人たちにとっては衝撃かもしれないが、ユメゴンドウは実際に気性が荒いともいわれており、少なくともあまり人懐っこい性格ではないようだ。

現在、国内では、沖縄美ら海水族館にのみ1頭飼育されている。

ユメゴンドウを再発見した致知先生は、じつは科博の山田格先生のお父上である。格先生自身も、クジラの新種を二つもストランディング個体から発見している。これも一つの〝系統〟の現れといえそうだ。

流氷に閉じ込められた12頭のシャチ

前項で紹介したユメゴンドウの英名は「小さな殺し屋クジラ（Pygmy Killer Whale）」だったが、本家本元の「殺し屋クジラ（Killer Whale）」の英名を持つのがシャチである。

じつは、私が海の哺乳類の研究を始めたきっかけをつくってくれたのがシャチである。学生だった私は、あの完璧なフォルムと見事な黒と白が織りなす体色のコントラスト、そして鋭く立派な歯を持つシャチにあっという間にノックダウンされてしまった。要は一目惚れである。その後、仲間への優しさや思いやりにあふれる性格を知ると、そのギャップにまたまたノックダウンされた始末である。

そうした経緯から、私にとってシャチは、海の哺乳類の中でも別格の、不動の1位に君臨する大好きな生物である。「殺し屋」と呼ばれるのは、あくまで厳しい自然界で生きるための振る舞いで、シャチ同士の社会は優しさや思いやりにあふれている。

実際に、それを目の当たりにする出来事があった。

2005年2月7日、山田先生の携帯に連絡が入った。相手は東京農業大学・北海道オホーツクキャンパスの宇仁義和さんだった。

「北海道目梨（めなし）郡羅臼町（らうすちょう）の相泊（あいどまり）地区の沿岸で、シャチ12頭が流氷に閉じ込められて身動きがとれなくなっている」

この一報から壮絶な物語が始まった。

宇仁さんの話によると、知床（しれとこ）半島と国後島（くなしりとう）の間の海峡にある流氷が、ここ数日の強風で北海道東部の沿岸に一気に押し寄せ、相泊地区の海岸を一晩で埋め尽くしたという。

海岸近くで食堂を営む住民が、朝、聞き慣れない鳴き声に気づいて海へ様子を見に行ったところ、4~5頭のシャチが、岸近くの浅瀬で流氷に閉じ込められて身動きできずにいるのを発見。氷が血で赤く染まっていることに驚き、役場へ連絡を入れたそうだ。

羅臼町の町役場の担当者が現地へ駆けつけたときには、10頭前後のシャチが流氷に閉じ込められていた。生存しているものも多く、幼いシャチも数頭含まれている。すぐにさまざまな救出法が試されたが、どれも難航した。

シャチが閉じ込められているのは水深の浅いところなので、巡視船は入れない。漁船で流氷を砕いてシャチの逃げ道を作ろうとしたが、シャチの近くまでは行けず、せっかく作った逃げ道も、寒さですぐにふさがってしまう状況だった。

午後には、流氷に押されるようにシャチの群れがより岸に近づいたため、幼いシャチだけでも人力で岸に引き揚げる作戦が決行された。しかし、子どもでも体

北海道の羅臼町で流氷に閉じ込められたシャチ

© Uni Yoshikazu, 2005

重は数百キログラムになるため、重過ぎてこれも断念。そうこうしているうちに、夕方には死亡するシャチが目立ち始めた。日が暮れて救出作戦が中断されたあとも、生き残っているシャチの鳴き声が響いていたという。

翌日の2月8日の朝、流氷の中で生存していたのはメスのシャチ1頭のみで、午後にはこの1頭は流氷から無事に脱出し、沖へ向かって泳いでいった。もともと12頭で構成されていた群れのようで、2頭は7日未明に自力で脱出。残り9頭（子ども3頭を含む）は、流氷の中で息絶えた。

流氷によりシャチの一群が閉じ込められ、そのほとんどが死んでしまった事例は、世界的にも非常に珍しい。さらに当時は、国内の研究者にとって野生のシャチを見る機会や調査する機会はほぼ皆無。なんとしてもこの9頭を解剖調査し、研究のために、より多くの標本を回収する必要があった。

しかし、そうした私たちの思いとは裏腹に、現実はとても厳しい状況だった。このときの羅臼町相泊周辺を含む道東は、強風と豪雪に見舞われていた。シャチの死体が確認された海岸まで続く道は町に1本しかなく、その道は大雪で封鎖され、調査するにしても、まずは大規模な除雪作業が必要なこと、さらに巨大な9頭ものシャチをどうやって運ぶのかが大きな問題だった。

さてどうしたものかと思っていると、あれほどシャチを苦しめた海は、9日にはウソのように穏やかになり、流氷も海岸近くにはほとんど見られなくなった。そこで9頭の死体は、地元のダイバー、磯舟、漁船で回収し、相泊漁港に曳航することになった。そして、2月14日から16日の3日間で9頭のシャチを調査することが決まったのである。

羅臼町は、2005年7月に世界自然遺産に登録された知床地区にある。知床は、雄大な自然、生命に満ちあふれた野生動物たち、さまざまな美味しい食材など、一度は訪れてみたい素晴らしい場所である。

できるなら、知床の沖合で生きたシャチに会ってみたかっ

2メートル近い背ビレを持つオス

たし、全頭が無事救出された現場で喜びの歓声を上げたかった。シャチの一部が死んでしまったことは本当に残念だが、その死を無駄にしないためにも、初めてのシャチの調査に身が引き締まる思いだった。世界的にも注目された事例で、その責任の重大さも感じていた。

調査当日、相泊漁港に曳航されたシャチを1頭ずつクレーン車でトラックに載せ、調査場所（峯浜最終処分場）に運んだ。外貌写真や外貌観察はクレーンで吊ったときに行い、調査場所に到着後、すぐに解剖調査に着手した。

死亡してから約1週間経っており、極寒の地とはいえ内臓の腐敗はかなり進行していた。それでも、調査した限りでは内臓に病変は認められなかったため、やはり急激な流氷の接岸に対処できなかったことが死因と結論づけた。

シャチは性的二型（104ページ参照）を示す鯨類としても知られているが、なかでも1頭のオスは、オスの象徴である2メートル近い立派な背ビレを持っていた。

ようこそ、シャチの「お見合いパーティ」へ

シャチは世界的に研究が進んでいる鯨種の一つである。シャチの棲息域によって、

シャチ。体長は約7〜8メートルで大きな背びれとはっきりした黒白模様をもつ

一定の海域や海岸に定住する「レジデント型（定住型）」、外洋や沿岸などを定期的に回遊する「トランジェント型（回遊型）」、外洋ばかりにいる「オフショア型（外洋型）」の三つのグループに大別されている。

レジデント型が棲息している海域では、1年を通して野生のシャチに出合うことができる。世界的に有名なのが、カナダのバンクーバーだ。

2021年には、北海道の根室海峡にも、レジデント型とトランジェント型のシャチがそれぞれいるらしいという研究成果が得られている。

カナダのバンクーバーなどレジデント型がいる海域では、シャチの生態をつぶさに研究することができる。

たとえば、シャチはビックママ1頭を中心とした母系社会をつくり、その血縁関係、一つの群れをポッド（pod）と呼ぶ。各ポッドには鳴き声にいわゆる訛りや方言といった癖があり、その鳴き声は、レジデント型、トランジェント型、オフショア型の三つでも違うことがわかっている。

各ポッドは数頭から十数頭で構成され、交尾の季節になるとそれぞれのポッドが大集結して「スーパーポッド」になる。いわゆる〝お見合いパーティ〟が定期的に開催され、ここで交尾相手を探すこともわかった。これは、母系社会をつくる動物によくある生態で、近親交配を避けるために、他の個体群と出合う必要があるのだ。

また、食性についても、レジデント型は魚食が主で、トランジェント型やオフショア型は哺乳類食が多い。レジデント型のように、一定の海域に定住するのは、そこに豊富な餌が年中あるからである。カナダのバンクーバー沖では、1年を通じてサケが豊富に棲息しているため、レジデント型のシャチはこのサケを主食としている。

一方、トランジェント型やオフショア型は、餌を追い求める生活スタイルを選択したため、魚類よりもアザラシ、アシカやクジラといった哺乳類を狙うほうが、効率よく食事ができる。

つまり、シャチは雑食で何でも食べるのである。こうして世界中の海のどこにでも棲息できることが、海の覇者として君臨できた大きな理由といえる。

羅臼町の沿岸で死亡したシャチの胃に残っていた内容物を調べたところ、主にアザラシ類とイカ類を食べていたことがわかった。つまり、哺乳類食とイカ食である。じつはこの組み合わせはこれまで知られているどのシャチでも確認されたことはなく、これが初めての発見となった。

さらに、1頭のアザラシを群れの仲間同士で分け合っていた痕跡があり、野生動物では珍しい「獲物を分け合う」行動も確認できた。

哺乳類食ということは、トランジェント型やオフショア型に近い可能性があり、この海域で長年シャチの個体識別を続けていた佐藤春子さん（元ホエールウォッチング・インタープリター）のデータからも、今回のシャチの群れはトランジェント型ではないかと考えられた。

つまり、根室海峡にいつもいた群れではなく、どこかからふらっと来たシャチの一群が、運悪く流氷に閉じ込められてしまったようである。3体の子どものシャチの胃からミルクが観察されたことは、胸の奥がチクリと痛む所見だった。

調査が進む中、さまざまなサンプルが回収されたが、私にとって最大の事案は「骨格標本」である。9頭のシャチの骨格を、どの施設がどのように保管するか、ということは最後まで議論された。科博では、大人のオスのシャチの全身骨格を所有していなかったため、ぜひ入手して標本にしたかったが、道内のいくつかの学術機関が骨格標本の確保に名乗りを上げた。その中の一つが知床羅臼ビジターセンターだった。

このとき、すでに知床が数ヵ月後に世界自然遺産になることが、関係者の間では知られていた。知床羅臼ビジターセンターに、このオスのシャチの立派な骨格標本が展示できれば、今後、知床を訪れる多くの人たちに生き物の素晴らしさを伝えられる。

そういうことなら、喜んで「どうぞ！　どうぞ！」である。本来は、その生き物が棲息する地元に展示されるのが一番いい。その他の大人のシャチの骨格も、道内の博物館、大学、研究機関がそれぞれ保管し、研究や展示に活用することで話がまとまった。2体の子どものシャチの骨格については、科博で保管することになった。

今でも知床羅臼ビジターセンターには、このときのシャチの骨格が、展示会場の中央で来場者を出迎えている。知床に訪れた際には、ぜひ知床羅臼ビジターセンターへ足を運んでシャチの骨格標本を見ていただきたい。

ライダーハウスのごはんとカメに癒やされる

羅臼町の位置する雄大な知床地区は、私たちに自然の素晴らしさと同時に、その厳しさも強烈に感じさせてくれた。

到着直後に驚いたのは、肌を刺すような寒さと、宿泊施設が存在しないことだった。羅臼町周辺は、極寒の冬場に観光で訪れる人はほとんどいない。そのため、冬季に営業している宿泊施設はなく、まずは宿泊場所を探すことから始めなければならなかった。氷点下が当たり前のこの時期、野宿となれば命を落としかねない。

地元の方に相談したところ、あちこちに連絡を入れてくださって、調査現場から小1時間で行けるライダーハウスの店主の方が受け入れてくださることになった。

ただし、本来は夏場しか営業してないため、寝具は夏用しかなく、建物も防寒設備が整っていないので「かなり寒いですよ」とのこと。こちらとしては「寝る場所と食事をする場所を提供していただけるだけで大感謝です」とお伝えし、宿に向かった。

寝る場所を確保できた喜びに浸っていたのも束の間、北海道の2月の寒さは想像をはるかに超えていた。しかし、人間は極限状態に陥ると、生き残るために思いがけないアイディアがひらめくものである。ストランディング調査で使用する防寒性に優れた作業着を着たまま寝るという知恵で、5泊6日の極寒の夜を乗り切ったのだ。

寒さとの闘いは、調査現場でも容赦なく私たちを悩ませた。

カメラのシャッターは下りなくなり、サンプル用の保存液は凍りつき、手袋を何重にしても手はかじかみ、解剖刀が握れなくなった。足先はほとんど感覚がなくなり、寒さで頭痛が起こることも初めて知った。それでも目の前にいるシャチたちを調査する気持ちだけは萎えることなく、参加者たちは気力で乗り切ったようなものである。

宿から調査現場までの道中には、エゾシカがわんさか出没し、宿近くでは、『もののけ姫』に出てくるシシ神さまさながらの立派なツノを持ったオスシカが悠々と道路を横断している。春先なら、冬眠から目覚めたヒグマやキタキツネも加わるそうだ。ここでは、彼ら野生動物が主（ぬし）であり、人間などこの厳しい環境に裸一つで放り出されたらひとたまりもないことを実感する。

海の王者であるシャチですら、自然の脅威の前ではひとたまりもない。私にとって憧れの存在であるシャチが、流氷に閉じ込められて次々に死亡した事実を受け止められないまま解剖調査を行うのは、かなりつらかった。

そうした中、滞在中に心身を癒やしてくれたのが、宿泊先で飼われていたカメだった。ほとんどがリクガメで、小さいカメから大きなカメまで何匹もいて、私たちが夕食を取っている横をのしのしと散歩したり、餌のキャベツをむしゃむしゃほおばったりする姿に本当に癒やされた。さらに、宿泊先のオーナーさんが用意してくださった滞在中の夕食は、毎回とても豪華なものだった。タイ料理、インドネシア料理、グラタン、とんかつ、カレーなどが一度に夕食の食卓に並ぶのである。

極寒の中での調査で体力を消耗し切った私たちにとって、カメの存在と宿のオーナーさんの愛情たっぷりの夕食が何よりの心の拠り所となり、あの長丁場の過酷な現場を乗り切れたのだと思う。

もう一つ、シャチの愛情にまつわるエピソードを紹介したい。

調査期間中、シャチが流氷に閉じ込められたときの救出劇を見ていた人たちに話を伺ったところ、漁船が流氷を砕いて海面に道ができた際、大人のシャチの一部はその隙間から流氷の外に脱出できたらしい。にもかかわらず、また戻ってきたシャチが数頭いたという。おそらく、自力で脱出できない子どものシャチの鳴き声を聞き、再び戻って来たのだと考えられる。

そう、これがシャチなのだ。見た目はごっついフォルムだが、内面の優しさは底知れず、だからこそ、私はカナダで野生のシャチを見たとき、一瞬でシャチの虜（とりこ）になったのだ。

科博のレジェンド「渡邊さん」

博物館に非常勤スタッフとして通い始めてから、博物館の中ではさまざまな人が、本当にさまざまな仕事をしていることを知った。

普段、一般の方たちが博物館で見かけるスタッフは、展示室の入口にいる受付の人や展示会場で解説してくれる人たちではないだろうか。しかし、その奥の部屋や研究施設には、多くの人がさまざまな仕事を担って働いている。展示物に勝るとも劣らない魅力的な人たちだ。

科博のスタッフの中で、私が〝レジェンド〟と呼び、ずっと慕っているのが、渡邊芳美さんである。渡邊さんは、動物研究部に所属している非常勤スタッフで、高校を卒業後、すぐに科博に就職し、40年以上にわたり多くの研究者の活動をサポートしてきた。その仕事は多岐にわたり、すべてのスキルが卓越している。

標本化の作業もその一つだ。繰り返しお話ししている通り、博物館の根幹は標本である。では、標本はどうやって用意するのか。

たとえば、私の専門とする海の哺乳類の場合は、はく製を製作したり、骨格標本をつくったりする工程が、「標本化」と呼ばれる作業にあたる。私の部署では、展示するはく製の作製は専門の業者さんにお願いしているのだが、以前は博物館のスタッフが展示の標本化まですべて行っていた。

しかし現在では、標本化作業を研究や展示などそれぞれの目的に合わせて作製できる人は、博物館では激減しており、いわば〝絶滅危惧種〟である。その希少な1人が、渡邊さんなのである。

渡邊さんは、陸の無脊椎動物グループでは、節足動物の展翅（てんし）や展足作業（ハチやチョウの羽根や足を伸ばして、板に貼り付けていく作業）を行い、脊椎動物グループでは鳥類の骨格標本やはく製づくりを行っている。

標本は、あたかも自然界で生きているように、その生物の姿かたちに極力近づけることが求められるのだが、渡邊さんの技術は、まさに「神業」。研究者をうならせるほど、じつに見事なのである。

渡邊さんのような標本職人を、ぜひ多くの方に知っていただきたい。

5章

アザラシの睾丸は体内にしまわれている

アザラシ、オットセイ、セイウチはお仲間

海の哺乳類の中でも、私たちの目にふれる機会が多い存在ともいえるのが、鰭脚類（食肉目）。アザラシ、オットセイ、セイウチである。

鰭脚類は、アザラシ科、アシカ科、セイウチ科の3科で構成されている。このうち、日本沿岸に棲息したり、回遊したりしている鰭脚類は、アザラシ科ではワモンアザラシ、ゼニガタアザラシ、ゴマフアザラシ、クラカケアザラシ、アゴヒゲアザラシの5種である。それに、アシカ科では、トドとオットセイの2種である。そのほとんどが、北海道から東北地方の寒冷海域に棲息している。

外見の一番の特徴は、手足の指の間に〝水かき〟があるということだ。手足の見た目は完全にヒレである。これが分類名（鰭脚類）の由来でもあるが、このヒレの内部骨格は、私たち哺乳類と同じで、上腕骨から指の骨に致る一連の骨がしっかりと存在している。

さらに、鰭脚類はこれまで紹介してきたクジラやジュゴンなどと違って、被毛（体毛）で覆われているところも、大きな特徴だ。

「なぜ、鰭脚類だけが毛皮をはおっているの？」

不思議に思われるだろう。

それはアザラシやオットセイなどの鰭脚類は、水陸両用生活を営んでおり、子孫を残すために重要な出産や子育て、さらに休息などを、岩場や陸地で行っているからである。陸上生活において被毛は、体温保持に欠かせない役割を果たし、毎年生え変わる。ホッキョクグマやラッコ（253ページ参照）と同じである。

また、口の周辺に密集して生えている毛（洞毛）は、感覚に優れており、仲間同士のコミュニケーションの他、温度を測るセンサーや、空間把握（物体の位置や大きさ、間隔を認識する）など周辺の情報をキャッチするツールの一つとして使われている。これはイヌやネコと同じである。

鰭脚類の子育て期間は基本的に非常に短い。一番短い種で、ズキンアザラシのわずか4日間である。生後4日で独り立ちしなければならないとは、赤ちゃんも大変だ。

テレビの動物番組やネットの動画で、アザラシの赤ちゃんが、母親のおっぱいを飲んでいる姿がよく配信されているが、あんなふうな母子の安らぎの時間は、ほんのひとときなのである。それは、彼らの棲息環境も関係している。

鰭脚類の多くが棲息する場所は北極や南極がある極域である。極域は基本的に無味無臭の世界といわれている。そこに、大きな体の母親と共に子どもがヨチヨチ動いていると、目立つだけでなく体から放たれるニオイも周囲に漂ってしまう。

そのニオイや姿を察知したホッキョクグマやホッキョクギツネ、猛禽類が見逃すはずがない。そのために、なるべく早く大きな母親と別れて、外敵に見つからぬよう成長することが大切なのである。

同じ成長速度ではないにしろ、社会人になるまで20年前後も親のすねをかじり続ける人間とは大違いだ。

ところで、以前は鰭脚類のルーツについて、アザラシ科はイタチの仲間から進化し、アシカ科とセイウチ科はクマの仲間から進化したという2系統説が知られていた。しかし、現在では免疫学、分子系統学や形態学的研究の成果から、3科とも北米や日本で2700万~2500万年前の地層から発見された「エナリアークトス類」という共通の祖先から進化した、という1系統説が支持されている。

メスは強いオスしか眼中にない

鰭脚類は、一夫多妻制（ハーレム）を選択する種が多い。群れの中で最も強いオスを、私たち研究者はBull（ブル）と呼ぶが、そのBullしかメスと交尾することが許されない。

「オスを選べないなんて、メスがかわいそう」

そんなふうに思う人もいるだろう。しかし、じつは逆である。選択権は断然メスにあり、より強いオスを選んで交尾をしたいのは、メスのほうなのである。

強いオスとの間に産まれた子どもは、それだけ生存力にも長けており、自分の遺伝子を後世に残せる確率が増える。メスがより強いオスを求めるため、オスたちは必死で闘い、最後に勝ち残った者がBullとして、メスに交尾を許されるのである。

真にかわいそうなのは、闘いに負けたオスたちだ。Bull以外のオスは、メスには見向きもされず、群れの隅のほうでひっそりと一生を過ごすことになる。Bullの目を盗み、あわよくばメスと交尾しようとして見つかると、Bullの猛攻撃をくらい、全身傷だらけになって命を落としかねない。弱肉強食の野生の厳しさである。

ただ、Bullも、メスに囲まれて浮かれた毎日を過ごしているわけではない。その座を狙っている2番手、3番手がいつ攻撃してくるやもしれず、絶えず周りを警戒しながら過ごしている。

オスが闘いに勝ち残るには、体が大きいほうが圧倒的に有利である。そのため、鰭脚類のほとんどが「性的二型」を示す。性的二型とは、オスとメスで体型や体色などがはっきりと異なる現象をいう。

とくに、アザラシ科やアシカ科のオスは、メスより圧倒的に大きい。遠くからハーレムを観察した場合でも、Bullがどれかは一目瞭然だ。そのくらいオスのほうが巨大である。交尾中にオスの体重でメスが圧死することもあるほどだ。子孫を残す上では本末転倒だが、それでもメスは、強いオスを求めるのである。

体の大きさに関してもう一ついうと、鰭脚類の仲間は、近縁種でも棲息域が低緯度（温暖な海）から高緯度（寒冷な海）に向かうにつれて、体のサイズが大型化する傾向がある。これは「ベルクマンの法則」と呼ばれ、体温の保持ととても関係が深い。

恒温動物である鰭脚類は、体温を一定に保つために体内で熱を生産している。つまり、常に「熱生産量」と「放熱量」を調整しなければ、体温を一定に保つことができない。そして、熱生産量は体重に比例（体重が大きいほど、熱の生産量も多い）し、放熱量は体表面積に比例（体長が大きくなるにつれて、体重あたりの放熱量は小さくなる）

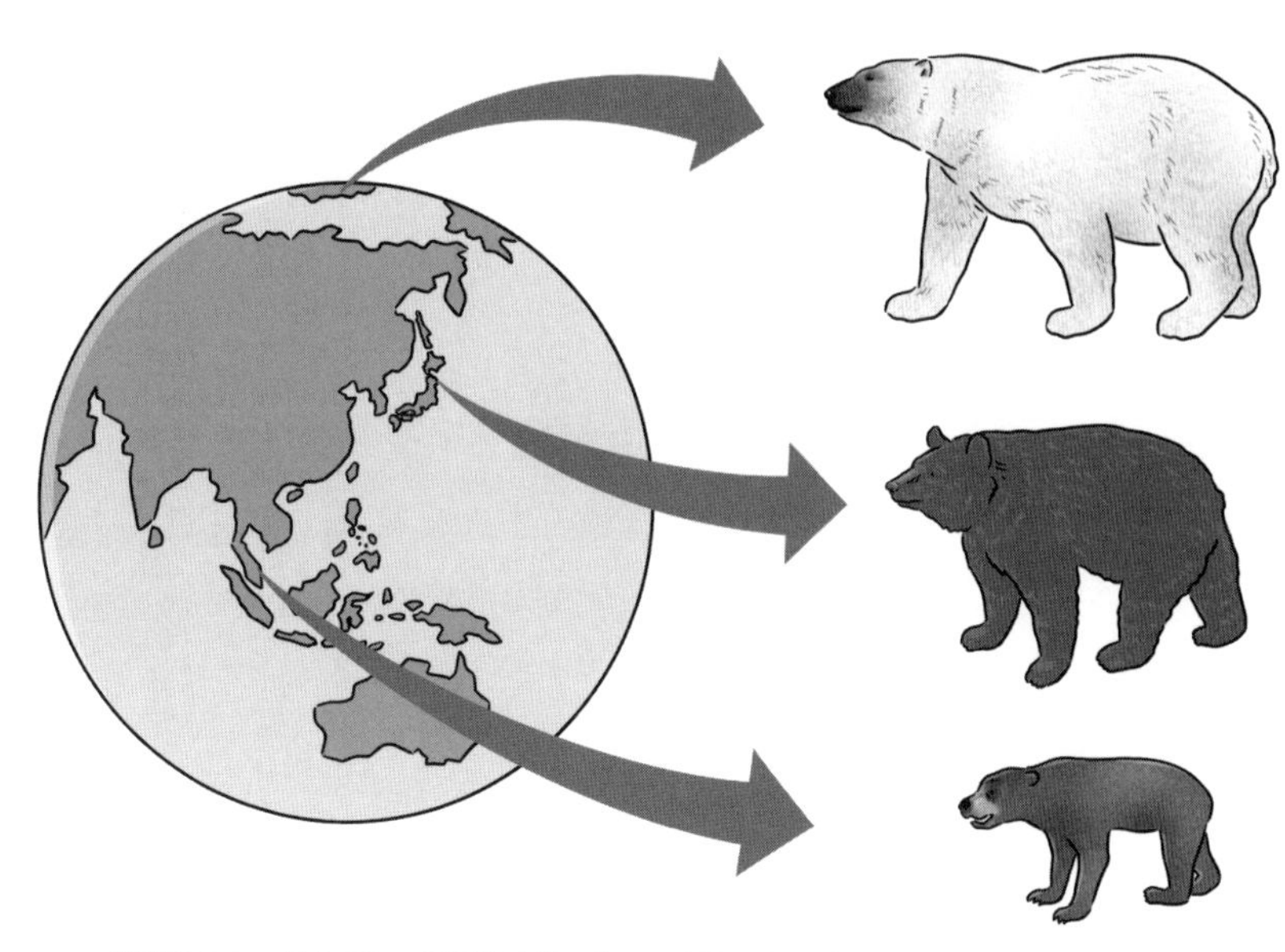

寒冷地のクマは大型に、温暖な地域のクマは小型になる（ベルクマンの法則）

する。ということは、体長が大きくなるにつれて、体重あたりの体表面積は小さくなる。

したがって、温暖な地域では、体温を維持するために放熱を十分に行う必要があることから、体重あたりの体表面積は大きいほうがよいので、体は小さいほうが効率がよい。一方、寒冷な地域では、黙っていても放熱されていくので、むしろ体温を維持するためには体表面積を小さくする必要があり、結果的に大型であることが有利となる。これをベルクマンの法則と呼ぶ。もともと陸上のクマに見られる現象としてよく知られている法則である。

水族館のショーは「アシカ科」の独壇場

鰭脚類のうちアシカ科は、世界中で現在7属14種が知られている。日本周辺にはトドとオットセイの2種が、北海道から東北地方の海域に棲息または回遊している。オットセイはときおり、太平洋側では関東周辺、日本海側では山陰地方まで南下することもある。

アシカ科の仲間と、アザラシ科の仲間は、外見上よく似ている。どっちがどっちなのか、区別のつかない人もいるだろう。

簡単に見分ける一番の方法は、「耳」である。オットセイには〝耳介〟があるが、アザラシにはない。

顔の左右にかわいい耳（耳介）がちょこんとついていれば、それはアシカ科で、日本周辺だとオットセイやトドである。一方、耳が見えなければアザラシ科で、日本周辺だとゴマフアザラシやゼニガタアザラシなどと思って間違いない。

アシカ科は、耳介がはっきり確認できるため、英語圏では「Eared seal（耳ありアザラシ）」と呼ばれる。学名の「Otariidae」も、ギリシャ語で〝小さな耳〟を意味する「Otariid」に由来する。

メスの場合は、乳頭の数でも両者を見分けられる。乳頭が左右2対、計四つあるのがアシカ科で、乳頭が左右1対、計二つならアザラシ科である。なお、乳頭の数に関係なく、基本的に鰭脚類は、1回の出産で1頭しか子どもを産まない。

また、アシカ科は、アザラシ科より鼻面が長いのも特徴である。イヌに例えるなら、アシカ科はジャーマンシェパードのような長い鼻面をしており、アザラシ科はパグのように短い鼻面をしている。どこかの水族館でアシカ科とアザラシ科の両種を見る機会があったら、ぜひ比較してみていただきたい。

さらに、水族館のショーで大人気なのは、圧倒的にアシカ科の仲間である。日本では、カリフォルニアアシカ、オタリア、ミナミアメリカオットセイなどが、主に活躍している。他方、アザラシ科のショーは、世界的に見てもほとんどない。なぜかというと、アシカ科とアザラシ科では、脚の構造と機能に大きな違いがあるためである。

たとえば、アシカ科のオタリアが、プール脇の台座の上に座って、飼育員さんの投げたボールを前脚でキャッチしたり、口先でトスしたりする光景を見たことのある人は多いだろう。これらの芸は、オタリアが安定した姿勢で台座の上に座っていられるからこそ可能となる。

オタリアに限らず、アシカ科の仲間は、前肢で上半身を支え、後ろ肢を前方に曲げて、いわゆる〝お姉さん座り〟ができる。それにより、台座の上に座ったり、後ろ肢だけで姿勢を維持できるので前肢でものをキャッチできる。

もちろん、こうした四肢の機能は、水族館でショーをするために身につけたわけではない。アシカ科は、海の哺乳類の中では、陸上で生活する時間がわりと長い。そのため、陸上でもある程度スムーズに移動できるように、陸で生活していた頃の前肢と後ろ肢の機能を未だに残している。すなわち、前肢で上半身を起こしながら、後ろ肢も使って、〝歩く〟ことができるのだ。

ちなみに、水中での遊泳は、前肢を羽ばたくよう上下に振りながら進み、頭部の動きをきっかけに方向転換する。

日本周辺では、トドとオットセイが棲息していると紹介したが、彼らは漁師さんたちにとっては大事な魚を取り合う宿敵であり、害獣とされている。

野生動物とうまく共存する道のりは険しいが、そこで知恵を絞るのも、また人間であり、私たち研究者の役割でもあるのだろう。トドやオットセイが定置網に近づかないよう彼らが嫌がる音を出したり、外敵であるシャチの鳴き声を流したりと工夫するとともに、どこにどれだけの個体数がいるのかを把握する調査や研究が行われている。

アザラシは耳が見えない（上）、オットセイは小さい耳がちょこんと見える（下）

水中生活により適応した「アザラシ科」の生態

アザラシ科は、現在、世界中で10属18種が知られている。アシカ科より圧倒的に数が多く、現在では鰭脚類の約9割をアザラシ科が占めている。

アザラシ科も、アシカ科と同様に水陸両用の生活が可能だ。アシカ科に比べると、アザラシ科のほうが水中生活により適応した生態を獲得したため、より広い海域に進出し、繁栄できたと考えられている。

前項でアシカ科とアザラシ科の外見の比較をした際、アザラシ科には耳介がないと説明したが、これは耳がないわけではない。耳の穴はあって、聴覚もある。ただ、外から見てわかる耳介がないということである。

じつは、これも水中生活に特化したためといわれている。クジラやジュゴン同様に水中では、体から出っ張っているものがあると、遊泳の際に抵抗が増して泳ぐ速度が落ちたり、体温保持の妨げになってしまうからである。

同じ理由で、オスの生殖腺である精巣(睾丸)は下降せず、腹腔内に収まっている。完全水中生活を選択したクジラやイルカ、ジュゴン、マナティも同じである。アシカ科の精巣は、腹腔内ではないが、大腿(太もも)の筋肉の中に収まっている。やはり、ブラブラしているものが体についていると、水中では邪魔であり水の抵抗を受けやすいうえ、バランスが取りにくい。これも、海に戻った哺乳類たちの大きな特徴である。

さらに、生活のほとんどを水中に移行したアザラシ科は、後ろ肢をアシカ科のように身体の下に折り曲げることができない。前肢で上半身を支えることも不得手なので、陸上ではシャクトリムシのように体を屈伸させて移動するしかない。当然、アシカたちのように前肢でボールをつかむような芸当は無理だ。だから、水族館などのショーで見かけることはほとんどない。

しかし、随分前に出張で訪れたオランダのテクセル島にある水族館で、アザラシのショーを見たことがある。

ショーといっても、アザラシが床に寝転んだ姿勢のまま、頭だけ飼育員さんのほうを向き、ひとたびサインが出ると、小さな前肢を一生懸命に振りながら（ほとんど振れていないのだが）、手のひらをこちらに見せて、観客にバイバイのあいさつをしたり、全身をローリングさせて右から左へただゴロゴロ移動したりする、とても芸とはいえないシンプルなものだった。

それでも、そんなアザラシの姿を見て、瞬時に魅了されてしまった。私だけでなく、観客はみな笑顔で、アザラシのバイバイに大喝采を送っていた。

陸上では、そのように超ドンクサい印象のアザラシ科だが、ひとたび水中へ入ると、見違えるように彼らの本領が発揮される。高速で遊泳したり、右へ左へ自由自在に動き回ったかと思えば、縦泳ぎや仰向け泳ぎをしながら気持ちよさそうに小休止したりする。水中を優雅に泳ぐ姿は、何時間見ていても飽きることはない。水中で立ったまま寝るアザラシが、どこかの水族館で人気者になったニュースも記憶に新しい。

じつはアザラシは、海の哺乳類の中でも潜水能力に長けているほうで、カリフォルニアアシカは約300メートル潜るのに対して、ミナミゾウアザラシは水深2000メートル近くまで潜るという記録もある。潜ったあとに急浮上すると、アザラシも潜水病になる危険があるようだ。そのため、深く潜ったあとは、らせんを描くようにゆっくりと浮上し、水圧に体を慣れさせる種類もいる。

あるいは、水の中でらせん状に遊泳しながら、睡眠や休息するアザラシがいることも知られている。やはり、アザラシ科は水中での姿を観察するのが一番だ。

遊泳するとき、前項で紹介したアシカ科は前肢を使うが、アザラシ科は後ろ肢を左右に振って進む。あの、ずんぐりむっくりした一つの大きなボールのようなアザラシの体型は、水の抵抗を少しでも軽減させるために不要なものを極力そぎ落として完成された究極の形なのかもしれない。

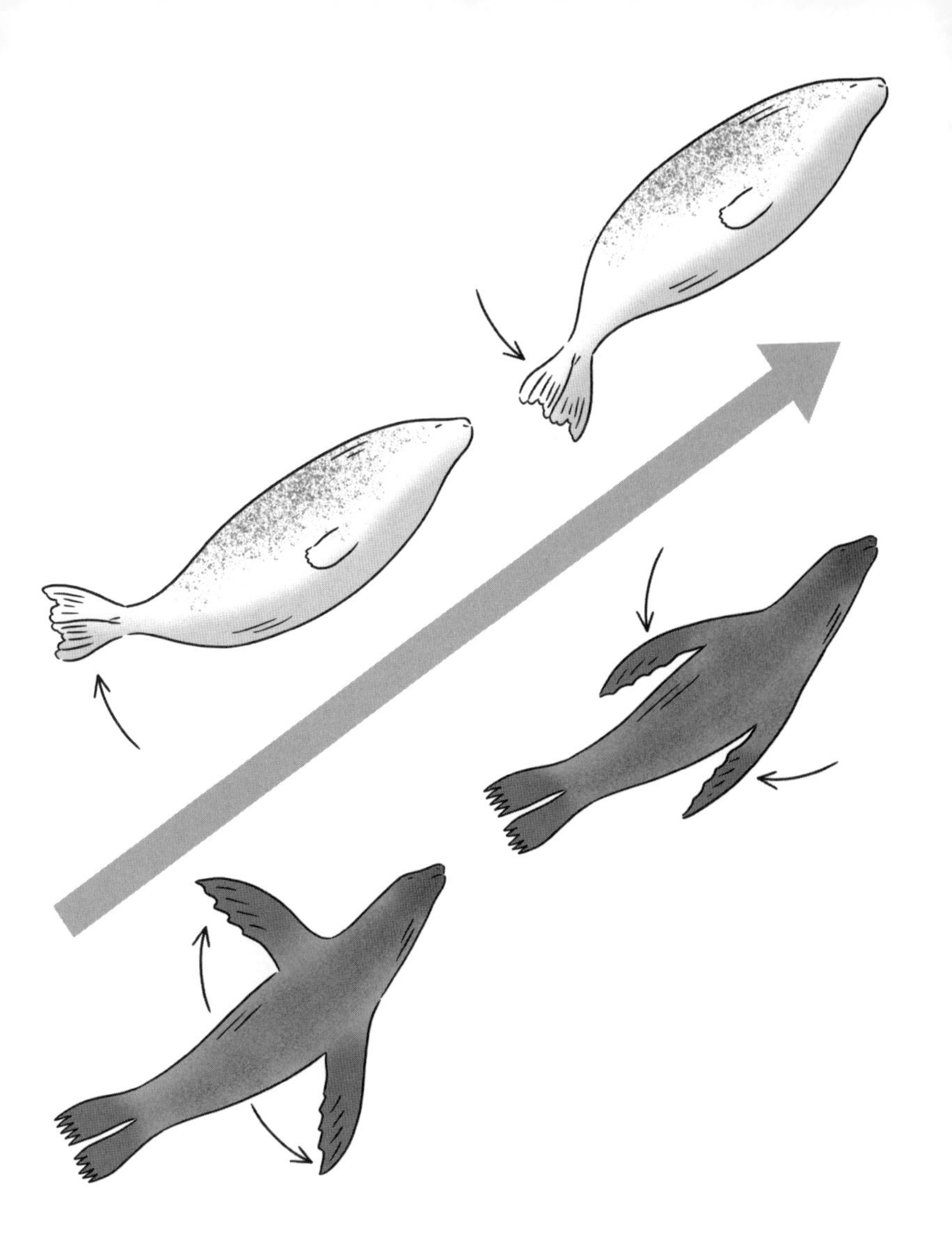

アザラシは後ろ肢を左右に振って泳ぎ（上）、オットセイは前肢を振って泳ぐ（下）

普通に考えると、ずんぐりむっくりしているアザラシよりも、シャープな体型のアシカのほうが、水の抵抗が少ないように感じる人もいるだろう。だが、一概にそうとはいえないのである。

アシカ科は確かにスレンダーな体型をしているが、胸ビレが長く、身体との間にすきまができる。そのため、胸ビレを振るたびに乱流が生じ、それが抵抗となる場合もある。一方、アザラシもそうだが、遊泳が得意な種のマッコウクジラ科やアカボウクジラ科では胸ビレを極端に小さくし、なるべく水の抵抗を受けない潜水艦のような紡錘形（コロコロした体型）に進化している。アザラシは耳介もなくし、あえて身体を一つの塊とすることで、弾丸のように前へ進むことができるのである。

また、体型がシャープだと、瞬発力に長けていても、持久力を維持するエネルギーを長時間生産できない。その点、アザラシのように皮下脂肪が大量にあれば、泳ぐときのエネルギーを常に産生することができ、水中に長時間いることが可能となるのだ。

海洋から河川に迷い込んだアザラシのニュースが話題になることがある。海水から淡水に移動すれば、塩分調整がうまくいかず、すぐに死んでしまいそうなものなのに、元気な姿で人気者になっていたりする。はっきりした理由はわかっていないが、アザラシなどの鰭脚類は陸上生活も可能なため、ある程度の期間であれば、クジラやジュゴンたちよりは淡水で生活することができるようである。川にいる魚を食べ、川辺で休息する。こうした生活を営むことができれば環境に適応できるのかもしれない。実際、ロシアのバイカル湖（淡水）にはバイカルアザラシが棲息している。

セイウチはメスにも牙がある

アシカ科とアザラシ科の両方の特徴を合わせ持つのが、セイウチである。セイウチには耳たぶを含む耳介はなく、遊泳するときは後ろ肢の左右のストロークで泳ぐなど、アザラシ科と同じ特徴を持つ。一方、後ろ肢をおなかの下に曲げることができるため、陸上ではアシカ科のような移動が可能である。つまり、両科のいいとこ取りをした水陸両用生活に最も適した体型と生活スタイルを獲得しているといえる。

しかし、セイウチの歴史は決して明るいものではなかった。5000万年ほど前までは、北太平洋では一番繁栄していたようで、これまでに10種類以上の化石種が発見されている。ところが、現在は世界中で1属1種しか存在しない。

その原因の一つは餌だといわれている。アシカ科やアザラシ科は、遊泳性の魚類や頭足類（イカやタコ）、甲殻類など、その場で見つけた餌を何でもどんどん食べていく。これに対してセイウチは、底生生物（ベントス）、すなわち二枚貝や巻き貝などの軟体動物の他、海底の泥の中に棲息するカニやエビなどの甲殻類、魚類を主食としている。このように餌に多様性を見出せなかったために、現在の1属1種まで減少したといわれている。

「あれ？　どこかで聞いた話じゃない？」

そう、ヒゲクジラのコククジラもセイウチと似た餌に対する嗜好性を示した結果、同じような経過をたどっている。

海洋には餌となり得る多くの生物がわんさかと存在しているのに、なぜごく一部の餌しか食べないのか。もっといろいろなものを食べていれば、今でも多くの種に会えたかもしれないではないか。セイウチファンの私としては残念でならない。反面、そうした生き方の下手な感じにまた、心をくすぐられたりもする。

いずれにしても、海底のチマチマした餌を食べているのに、セイウチの体長は270〜360センチメートル、体重は500〜1200キログラムにも及ぶ。体長と体重に大きな幅があるのは、オスとメスで大きさがまるで違うためだ。

体のサイズによる性的二型はセイウチにも存在し、オスのほうがとてつもなくデカ

セイウチのBullとメスがつくるハーレム

く、より大きくて強いオスがBullとなり、ハーレムをつくる。

さらに、鰭脚類の中でセイウチだけの特徴として「牙」が生えている。犬歯が発達したものだが、セイウチが本気を出せば、その牙でホッキョクグマの急所を貫くほどの威力があるといわれている。一方で、セイウチのぶ厚い脂肪層は、ホッキョクグマの牙でも貫通できないといわれている。

セイウチの興味深いところは、オスだけでなく、メスにも立派な牙が生えているところだ。

牙というと、一般的にはオスの強さを示すシンボリックなものである場合が多い。しかし、メスにも牙があるとなると、話がちょっと違ってくる。セイウチの牙の需要については諸説あるものの、敵を倒したり、オス同士の闘争に使われたりする他、海底の餌を探したり、陸に上がる際の支えにしているなど、さまざまな用途があるといわれている。

じつは、セイウチの種が衰退したもう一つの背景には、この牙が関係している。人間たちが、セイウチの牙に象牙と同様の価値を見出し、一時期、乱獲の対象となったのだ。

牙だけでなく、セイウチの肉は食用として、また丈夫な皮膚は強靭なロープの素材として、といった具合に、さまざまな用途に活用された。大西洋のスヴァールバル諸島やグリーンランド周辺に棲息していたセイウチは、約3世紀半の間に2万~3万頭から数百頭に激減してしまったほどである。

それでも現在では、各国で設けられた手厚い保護の下、現生種の数は比較的安定している。しかし、一度激減した頭数を元に戻すのは簡単なことではない。

野生アシカの群れは凄まじく臭う

私はセイウチが大好きである。とくに、セイウチの赤ちゃんのかわいさは、たまらない。コロッコロの体形に、焦点が合ってないような眼、とぼけた顔。アザラシの赤ちゃんもかわいいけれど、セイウチの赤ちゃんはどちらかというと、ぶちゃかわいいのである。

しかし、野生のセイウチは北極圏に棲息しており、日本周辺で見ることはできない。いつか野生のセイウチを観察したいという夢もある。ただし、セイウチを含め、鰭脚類が上陸する岩場や島は、その糞尿でものすごい臭気が立ち込めていることを知っているだけに、夢の実現に消極的なのも事実だ。

以前、アメリカのサンディエゴへ学会で出かけた折、時間の合間を縫って、本場アメリカのカリフォルニアアシカが棲息する島に船で行ったことがあった。

「あの岬を越えると、すぐにアシカたちが見えてきますよ」

という船内アナウンスが入り、

「えっ、どこどこ」

と、船から身を乗り出して周囲に目を配っていたところ、アシカの姿が見える前に、

アザラシの赤ちゃん（上）とぶちゃかわいいセイウチの赤ちゃん（下）

ものすごい臭気が突如風上から押し寄せ、思わず息を止めた記憶がある。その後すぐに、島の上や洋上にアシカの大群が見えてきて、大自然の中でのびのびと生活している彼らの様子に、しばしニオイを忘れて感動した。

セイウチはもっと体が大きいため、そのハーレムを実際に見たら、さらに圧倒されることだろう。しかし、ニオイも、セイウチ級なのだろうなと思うと、二の足を踏んでしまうのである。

それにしても、あんなにニオイをまき散らしていたら、すぐに敵に見つかってしまうのではないかと心配になる。

鰭脚類の中には、新生児のときだけ幼体色（ラヌーゴ）を呈する種類のものがいる。アニメやぬいぐるみなどのキャラクターでよく目にする白いアザラシは、まさにラヌーゴを纏（まと）ったアザラシの赤ちゃんがモチーフとなっている。アザラシの中には、氷上や雪上で子育てをする種がおり、赤ちゃんを周囲の環境色（白色）と同化させ、外敵のホッキョクグマから身を守っているといわれている。

それは理解できるが、北極や南極などの極寒の地は、生物がほとんど存在できないため、基本的に無臭と聞く。その中で、先ほどのアシカの群れのような凄まじいニオイを発していたら、

「私たちはここに居ますよ〜〜」

と、敵に伝えているようなものだ。ホッキョクグマが、そのニオイに気づかないはずはない。実際、餌を探しているときのホッキョクグマは、しきりと雪庇（せっぴ）や流氷の割れ目に鼻を突っ込み、クンクン臭いを嗅いでいる。

それでも、新生児がラヌーゴを纏うことで、少しでもホッキョクグマの攻撃を回避できるのだろう。それはそれで、立派な生き残り作戦である。氷上で無邪気に眠るキュートなアザラシの赤ちゃんを見ると、「どうか、無事に育ってほしい」と願わずに

はいられない。

しかし、自然界では、常に食うか食われるかの容赦ない闘いの日々である。ラヌーゴを纏った赤ちゃんも例外でなく、生まれた直後から生き残るための戦略を身につけている。これを実感したのが、ペンギンであった。

赤ちゃんの生き残り作戦（ペンギンの場合）

ペンギンは哺乳類ではなく鳥類で、私の専門外だが、哺乳類にもつながる話なので少しおつきあいいただきたい。

ペンギンは世界中に18種類存在し、大きさではエンペラーペンギン（コウテイペンギン）がナンバーワン、キングペンギン（オウサマペンギン）がナンバー2に君臨している。

水族館で見たことのある方も多いと思う。エンペラーペンギンとキングペンギンの親鳥は、大きさ以外は素人には識別できないほどよく似た外観をしている。頭部と前肢は黒色、胸の上部は黄色、腹部と前肢の内側は白色、耳周囲は橙色をしている。にもかかわらず、幼鳥は驚くほど違うのである。

キングペンギンの親子（左）とエンペラーペンギンの親子（右）

エンペラーペンギンの幼鳥は、親鳥の4～5分の1の大きさで非常に小さい。毛色は腹側が白く、背側はグレーをしていて、全体的に白っぽい印象である。親の足の上にチョコンと乗って、親のおなかの中でよく居眠りしている。

一方のキングペンギンの幼鳥は、背丈は親と同じくらいあり、そこに茶色のふっさふさな分厚い羽毛を身に纏っている。そのため、ぱっと見、親より大きく見える。そんなデカい幼鳥が、親のあとをとことこついていったり、自分より小さな親から餌をもらったりしている。

親はよく似ているのに、なぜ幼鳥

はここまで違うのか。

幼いときの羽毛の色は、それぞれの環境で生き抜くためのラヌーゴである。

まずエンペラーペンギンは、オスも抱卵や育児に参加する。常に親のどちらかが幼鳥を保護することができるので、小さく弱々しくても育つことができる。さらに、氷上を選んで子育てをするため、子どもの羽色は白っぽいほうが、周囲環境と同化し保護色となる。

一方のキングペンギンは、両親とも幼鳥を置いて餌を取りに行く。その間、幼鳥は親の帰りを待ち続け、2週間に一度程度しか餌をもらえない。

だから、生まれたときから親と同じくらいの大きさで、1人でも生き抜く。さらに、キングペンギンは氷上と岩場の両方で子育てをするため、幼鳥は茶色っぽい羽色をしている。

岩場にいるときはいいのだが、あれだけ大きな茶色のふさふさが氷上にポツンといたら、その存在感はハンパなく、目立って目立ってしょうがないようにも感じる。でも、それはそれで彼らが選択した適応なのだから、そっと見守りたい。

オホーツクとっかりセンターのアゴヒゲアザラシ

オホーツク海に面した北海道の北東部に位置する紋別市に、「オホーツクとっかりセンター」という施設がある。「とっかり」とは、アイヌ語でアザラシを意味する。野生のアザラシを保護し、ゆくゆくは野生に復帰させる施設である。そこには、アザラシの赤ちゃん（幼体）から若いアザラシまでが収容されていて、保護の理由もさまざまだ。

オホーツクとっかりセンターでは、保護したアザラシを一般の方が見学することもでき、入館料はセンターの運営資金にもなっている。保護した野生個体を実際に見てもらうと、センターの意義やその活動に理解を示してくださる方が多く、支援や寄付なども集まっているそうだ。

アザラシを保護する時期は、出産・子育てシーズンの春先がピークである。でも、実際のところ、いつ、何頭のアザラシが運ばれてくるかは、ストランディングと同じように事前に予想がつかない。

そのため、一度に4～5頭の幼体が保護されると、スタッフたちは寝ずの看病となり、センターに何日も泊まり込むのは日常茶飯事だそうだ。

私が前任の山田格先生から、動物研究部の研究員の職を引き継いだ2015年、同センターの獣医師さんから連絡が入った。

「保護して野生復帰を試みていたアゴヒゲアザラシが、治療の甲斐もなく死亡してしまいました。この個体を博物館で活用することはできますか」

という連絡だった。

「それはもうぜひ！」

と二つ返事でお引き受けした。

鰭脚類は全身を被毛で覆われているため、毛皮と骨格の両方を標本として保存することができる。アゴヒゲアザラシの本はく製標本は、当時の科博にはなかったのだ。とてもありがたいお話で、急いで現地へ向かう。

そのアゴヒゲアザラシは、オトナで体格もしっかりとしており、全身に傷などもないとても立派な個体だった。さっそく解剖調査を始めると、消化器に潰瘍や出血があった。生前、下痢や血便をしており、血液検査では白血球（リンパ球など体外から何らかの微生物が侵入したときに最前線で戦ってくれる血球たちの総称）が高値を示していたので、何らかの感染症による消化器機能不全で死亡したのだろうと診断した。

そして、解剖調査のあと、本はく製用に毛皮を剝く作業に取り掛かった。本来、本はく製を作製する際は、毛皮を剝く段階から専門の業者さんに参加してもらうのが通例である。

しかし、このときは北海道まで一緒に来ていただく予算がなく、業者さんがいつも行っている手順を思い出しながら、私たち科博のスタッフで、本はく製用の毛皮を剝くことにしたのだった。

1章で説明したように、皮を剝くときは、刀を入れる箇所を極力少なくすること、つまりかぶりものの洋服を脱がせるように、優しく慎重に毛皮を剝いていくことが大切だ。爪と、爪がくっついている指の先端の骨は毛皮側に残すこと。すると、本はく製に本物の爪が備わったよりリアルなはく製標本となる。

ただ、爪だけ残すとポロッと取れてしまう場合が多いので、爪とくっついている末節骨も毛皮側に残すのが定法である。さらに、皮下脂肪をなるべく毛皮側に残さないようにしながら剝くことなど、業者さんから教えてもらった情報を一つ一つ確認しながら剝いていく。

この作業は、本当に時間と手間がかかる……。とくに、鰭脚類は毛足が短いため、切り開いたところを最後に専用の糸で縫い合わせると、その縫い目が陸の哺乳類よりも目立ちやすく、ごまかしがきかない。だから、陸の哺乳類よりも、切り開く箇所をより小さくするほうが、完成品の見栄えがいい。

しかし、言うは易く行うは難しであり、素人には非常に難しいのである。

私たちが黙々と毛皮を剝いている傍らでは、保護されたアザラシたちが盛んに鳴いていた。おなかが空いているのか、こちらに興味を示しているのかわからないが、生きている野生のアザラシを感じながら、解剖調査や毛皮剝きをするのは不思議な感覚だった。

彼らはこのアゴヒゲアザラシの死を理解しているのだろうか。内臓を切り開いているので、血なまぐさいニオイは彼らにも届いており、いつもと違う何かが起こっていることは、そのニオイからわかるはずである。

そんなことも考えながら、作業を続けること約4時間。アゴヒゲアザラシの皮剝きは無事終了し、帰路についた。その後、専門の業者さんに本はく製の作製をお願いしたところ、ちょうど私が科博の常勤ポストに就任した年ということで、お祝いを込めて値段を安くしてくださった。私にとっては、いろいろな意味で感慨深い標本となった。

今ではさまざまな展示会場で、このアゴヒゲアザラシを多くの人に見ていただいている。この標本を見ながら談笑している親子連れの姿などを見かけると、極寒の北海道で、かじかむ手に息を吹きかけながら、半日がかりで毛皮を剝いた苦労など吹き飛んでしまう。苦労した甲斐があった、としみじみ思うのである。

ラッコは陸上でほぼ歩けない

アザラシなどの鰭脚類とは種が異なるが、海の哺乳類の中でも鯨類や鰭脚類に劣らぬ人気を誇るラッコについても、最後に紹介したい。

ラッコは、食肉目イタチ科に分類される海の哺乳類である。同じイタチ科のカワウソやイタチの中にも水辺に棲息する種がいる。

おそらく、そうしたイタチ科の一部の種が海へ進出し、ラッコの祖先になったのだろうと考えられている。野生のラッコは北半球の海にだけ分布し、アメリカ、カナダ、ロシア東部の他、最近では北海道の周辺海域にも棲息している。

食肉目に分類されるラッコは、基本的に動物性タンパク質を主食としている。大好物は大アサリやアサリ、ハマグリをはじめとする貝類で、その他、カニ・エビなどの甲殻類やウニも大好きで、硬そうな甲羅をバリバリ砕いて食べる。

小柄な体に似合わず大食漢で、水族館ではお金がかかる飼育動物のダントツ1位がラッコだそうだ。食費が半端ないのである。

さらに、今では禁止されているが、かつて野生のラッコは非常に高価な値段で取引されていた。水族館の方から聞いた話では、ラッコ1頭の値段は、ドイツ製高級車が楽々1台購入できる数字だったという。人気のある動物なので、それだけ値段を吊り上げられても取引してしまう、という状況だったようだ。

水族館でラッコを観察していると、先のアザラシ同様、水中と陸上での彼らの動作には格段の違いがある。毛皮を持つ海の哺乳類の中で、最も水中生活に依存しているのは、ラッコといっていいだろう。それはアザラシを上回る。

なにしろ、ラッコは陸上でほとんど歩くことができない。今度、水族館でラッコの陸上移動を見られるチャンスがあったら、ぜひ観察していただきたい。

人間が着るサルエルパンツという種類のボトムがある。普通のボトムより股ラインが極端に下にあり、それを着用すると、両足の間に膜ができたような格好になるが、ラッコの後ろ肢はまさにこのサルエルパンツを履いた状態で、両足と胴体が完全に毛皮でつながっている。

そのため、陸上では四肢を使って歩くというよりは、まず前肢を地面につき、それを支点に体全体を前に引き寄せるように移動する。その様子、「ヨッコラショ、ドッ

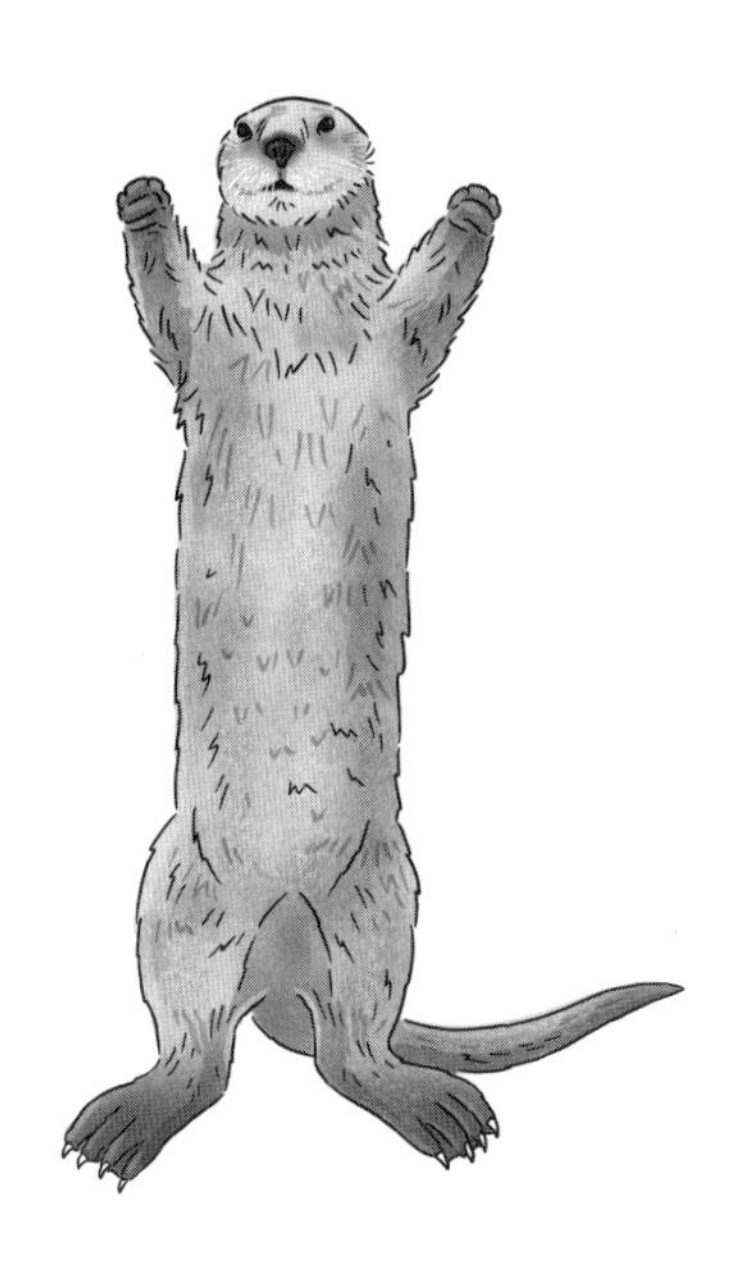
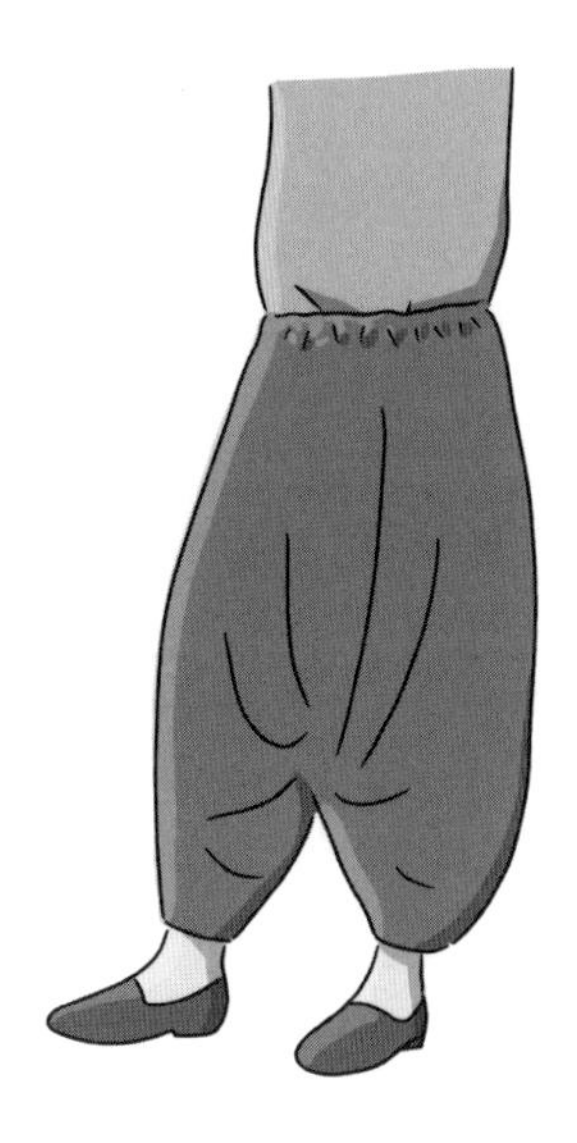

ラッコの後ろ肢はサルエルパンツ状

コイショ」といわんばかりに、アザラシ以上の〝シャクトリムシ歩行〟で、早く走ったりすることはできない。

ちなみに、ラッコの前肢には、イヌ・ネコとは少し違うが肉球がある。この肉球を見ると、陸上生活を営むためにあるのではと考えたりするが、どうやら餌をつかむときに役立っているようだ。

一方、ひとたび海に入ると、本領発揮である。四肢があるので、ホッキョクグマのように犬かきをするのか、アザラシのように左右に振って泳ぐのか、と思いきやそうではない。

サルエルパンツ状態の後ろ半身を

背腹に振って泳ぐのである。イルカやクジラと同じように、一枚岩となった後ろ半身を背腹に振りながら前に進む。

ラッコも、アザラシと同じように全身が毛皮で覆われている。前述したように、海の哺乳類の中で被毛を持つ種は、陸上にいる時間がわりと長いため、寒さをしのぐために真冬の銀座のマダムのように毛皮のコートを羽織っている場合が多いが、ラッコはその生涯のほとんどを海の上で過ごす。

となると、海の中で身体は冷え切ってしまわないのか、あるいは毛が濡れて重くなり、溺れてしまわないのか、と心配になる。

しかしそこはしっかりと適応しており、

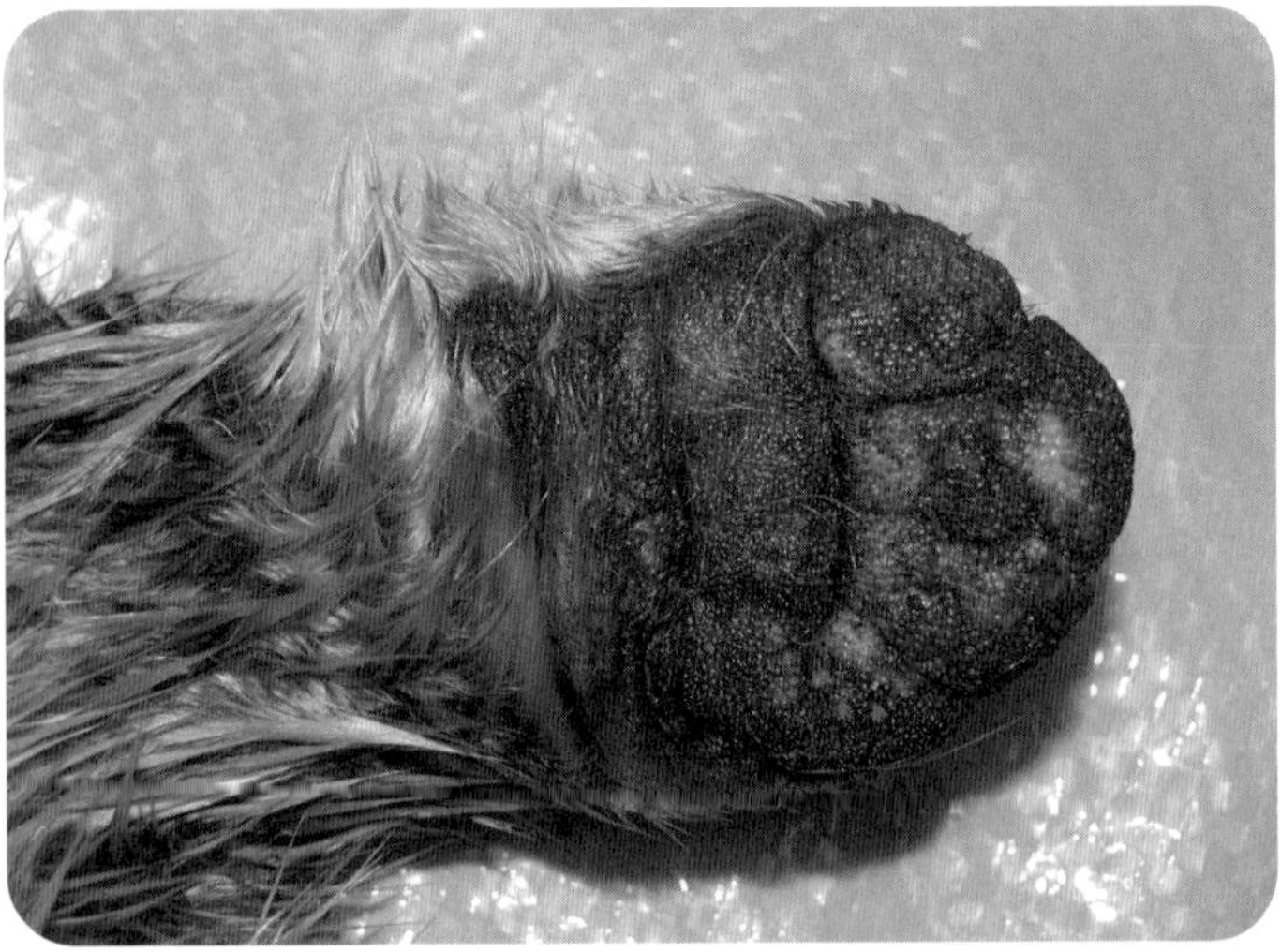

ラッコに肉球がある！

被毛を密に生やして二重構造にすることで、皮膚に近い産毛のような短い毛の間に空気の層をつくり、体温が逃げないようにしているのだ。

ラッコの毛皮は動物界一の密度を誇る。人間の髪の毛の総量を、ラッコの毛皮に置き換えてみると、1センチメートル四方に収まってしまうほどである。

先にラッコは大食漢と伝えたが、これも水中で常に体温を一定に保てるように、熱を生産し続ける必要があるためと考えられている。単なる食いしん坊ではなく、大食漢なりのまっとうな理由があるのである。

さらに、毛皮の外側にある長い硬い剛毛は、外からの衝撃や刺激から身体を守る役割を担う。この剛毛は皮脂腺の油分によって撥水性や強靭性を持たせている。

そして、ラッコはこの自分の毛をいつもグルーミング（毛づくろい）する。舌でなめながら、毛表面を常に健常で清潔な状態に保ち、油分をまんべんなく毛皮の隅々まで行き渡らせ、撥水性や強靭性を維持している。そのため、体の調子が悪くなり、グルーミングができなくなると、あっという間に溺れてしまう。

こうした保温性や撥水性に優れたラッコの毛皮を、人間が見逃すわけがない。かつて、ロシアの探険家であり博物学者でもあるゲオルク・ヴィルヘルム・ステラー氏が、900枚のラッコの毛皮をロシアに持ち帰ったことから、その品質と高級感が瞬く間に評判となってしまったのだ（297ページ参照）。

アメリカのアラスカ州からカリフォルニア州にかけてはラッコの一大棲息地なのだが、皮肉にも、北米が良質な毛皮の産地であることが知られ、それはそれは大量のラッコが捕獲された。当時、ラッコの毛皮はソフトゴールド（柔らかい金）ともてはやされ、その頃ロシアで人気のあったクロテンの毛皮よりも高値で、ロシア帝国や中国、ヨーロッパで取引されていたようである。

以後も乱獲は続き、1820年カリフォルニアのラッコはほぼ絶滅した、とまでいわれた。日本においても、択捉（えとろふ）島からオンネコタン島に至る千島列島で盛んに捕獲され、1900年初頭には北太平洋の個体数は急速に激減した。

そうした事態を重く見て、1911年に、日本、アメリカ、ロシア、イギリスの4ケ国が国際保護条約（Fur Seal Treaty、膃肭獣（おっとせい）保護条約）を締結。これにより、1741年から1911年までの約170年続いた世界的な乱獲は終結した。

その後、アメリカは先の条約に加え、海産哺乳類保護法（Marine Mammal Protection Act）や、絶滅危惧種を保全する保護法（Endangered Species Act）などを公布。おかげで一時は数頭の群れが点在するほどまでに激減した個体数が、現在は3000頭近くまで回復した。しかしながら、ラッコの数は今でも安定せず、未だ絶滅危惧種に指定されている。

日本においてもほぼ絶滅してしまったと考えられていた野生のラッコだが、数年前から、北海道の沿岸で観察されるようになった。その中には親子連れもいるらしい。ただ、ここであえて観察場所の名前は伏せておく。世界的な条約はあるものの、ステラー氏の二の舞にはなりたくない。ラッコのためにご理解いただければ幸いである。

科博の画伯「渡邉さん」

渡邉さんについて、まだ語らせていただきたい。彼女がスゴいのは、仕事の技術を身につけるための努力を惜しまないところだ。標本化作業はもとより、絵を描く能力も卓越している。

今のように、高性能の撮影機器やプリンターが普及していなかった時代、研究者が論文を作成する際には、研究対象の生物などの絵を自分で描くのは当たり前のことだった。かの有名なレオナルド・ダ・ヴィンチや、神経細胞の研究で有名なサンティアゴ・ラモン・イ・カハールなども、自分たちで研究対象をスケッチした。ダ・ヴィンチの絵はイギリスにある王室所有のウィンザー城で、今でも厳重に保管されている。しかし、研究者の中には絵の苦手な人や、忙しくて絵を描いている時間のない人もいる。

そこで、渡邉さんは研究者をサポートするために、当時、休日返上で日本画教室に通い、絵のスキルを磨いたという。渡邉さんに絵の依頼が殺到したのはいうまでもない。

絵のレベルは完全にプロ級で、私は〝渡邊画伯〟と呼んでいる。この言葉が決して大げさでないことは、科博のミュージアムショップへ行くとわかる。ショップで販売されている科博のオリジナルグッズのうち、「世界の鯨」ポスターは渡邊さんの作品である。

渡邊さんは他にも、研究者の書籍や科博の定期刊行物の挿絵なども担当していた。誰よりも科博のすべてに通じ、難題を求められても、あらゆる作業を見事にこなしてしまう。まさに科博のレジェンドなのである。

いずれにしても、標本化などの職人仕事は、手先の器用さや、機転のよさ、応用力など、持って生まれた資質もある程度必要だが、なにより、努力を惜しまない誠実な人柄に依存するところが大きいと、渡邊さんを見ていていつも感じる。

私も大学院時代から、標本化作業に参加している。最初は右も左もわからないことばかりで、多くの先輩方にご指導いただき、今は標本職人の端くれに何とか入れてもらっている。

渡邊さんと仲良くなったのは、お互い根っからの動物好きだからだろう。顔を合わせるたびに、いつも家にいる動物の話で盛り上がる。

たとえば、渡邊さんは道端でいろいろな動物を拾う。ネコ、イヌは当たり前で、カ

ルガモやカラスを拾って一時保護していたこともあった。あるとき、

「ねぇ、ねぇ、田島さん、この前カラスを拾っちゃったんだけど、どうしたらいいかしら？」

と相談されたことがある。カラスを拾ったことにまず驚いたが、渡邉さんが私のことを獣医師として、あるいは相談相手として頼ってくれたことが嬉しくて、

「そうですね、どうしたらいいか、同窓の動物病院の院長たちに聞いてみますね。あっ、カラスは鳥だから、山階鳥類研究所の友人にも聞いてみましょう」

と、あちこち電話をかけまくったことがあった。

その結果、与えるべき餌の種類や寝床のつくり方などの情報を得て、カラスは無事野生に復帰できた。

他にも、近所にいるたくさんのノラネコの健康に関する話から、飼いイヌの「武蔵」や、歴代のネコたちについても、心配事があるたびに相談してくれた。私もネコ3匹と住処を共にし、溺愛中のため、渡邊さんの気持ちは痛いほどよくわかる。

そうした動物の話をしているうちに、いつの間にかとても仲良くなり、博物館のこともいろいろ教えてもらえるようになった。

学生時代から科博にお世話になっていた私は、最初の頃、研究者と呼ばれる人たち

や、事務のちょっと怖いオトナの方たちとのやりとりに戸惑っていた。そうしたときに、傍らでいつも助けてくれたのが渡邊さんだった。

標本づくりについても、一から教えていただいた。骨格標本や標本ラベルのつくり方をはじめ、骨格標本に登録番号を書くときは、墨で書くのが一番いいことも教えてくれた。

「墨は油分に強く、標本に害を及ぼす心配もない。しかも、安価で、市販品の中ではこれが一番！」

そんな細かいことまで教えてくださった。

言葉だけでなく、その背中を見て学んだことも多い。作業のノウハウだけでなく、学ぶべき知識や情報、人とのコミュニケーションの取り方、作法に至るまで、博物館での生き方を教わってきたように思う。

おそらく、渡邊さんが私に教えてくださったことは、科博の中で先輩から後輩へとずっと受け継がれてきたことなのだろう。それを次の世代に伝えていくことが、私の使命の一つでもある。今後も渡邊さんに教えを請うとともに、ネコ談義にも花を咲かせよう。

渡邉芳美

6章

ジュゴン、マナティは生粋のベジタリアン

「人魚伝説」に異議あり！

マナティやジュゴンの話をすると、必ずといっていいほど、

「人魚のモデルになった生物ですよね」

という反応が返ってくる。

確かに、そういう伝説が広く知られている。マナティとジュゴンは、どちらも海牛類の仲間で、乳頭が左右のわきの下にあり、子どもを抱えながら哺乳する姿が、一見すると人にも見え、それが人魚伝説の由来となった。

しかし、実際の海牛類を見ると、ディズニー映画などに出てくるマーメイドの外見とは（大変失礼だが）およそかけ離れている。

学術的にも、海牛類の正式名称の「海牛目」は、ラテン語で「Sirenia」といい、ギリシャ神話に登場する女怪セイレーン（Seirên）に由来する。セイレーンは上半身が人間の女性で、下半身は鳥や魚の姿をしていたとされている。その妖艶な姿と歌声で

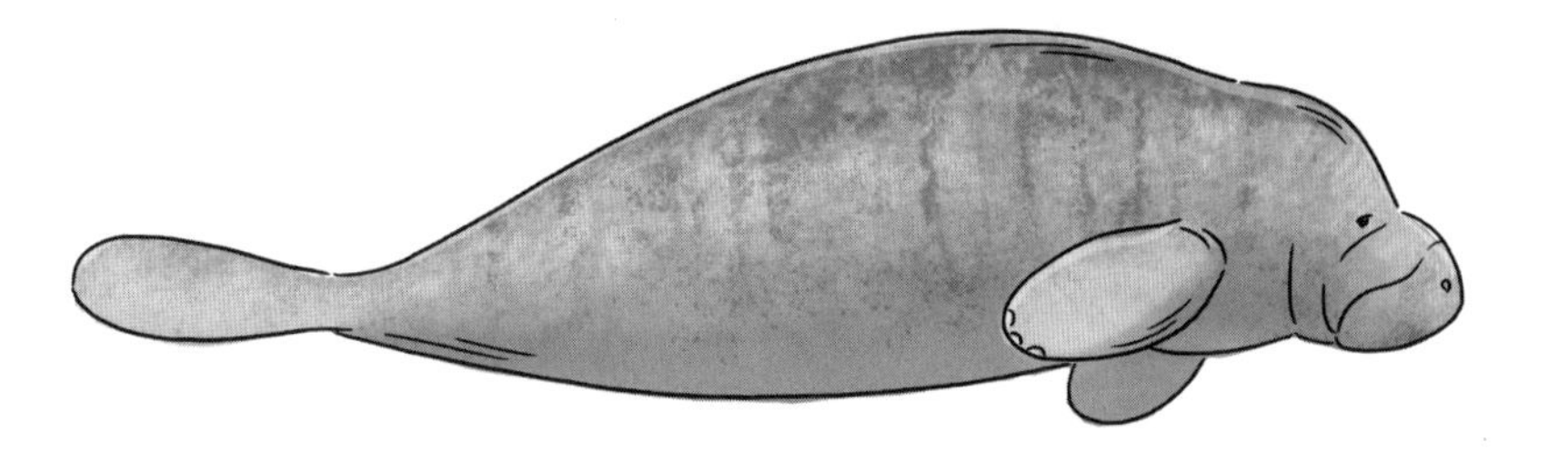

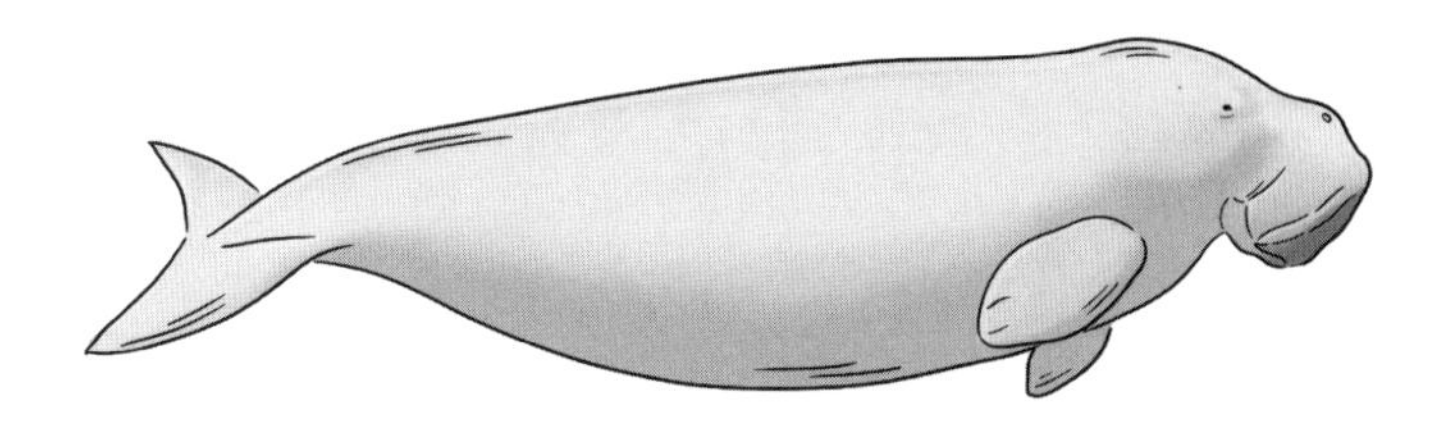

人魚に似ている？　マナティ（上）とジュゴン（下）

船乗りたちを魅了し、海に引きずり込んだとされる。

ここでも〝妖艶な姿〟と語り継がれているが、果たしてマナティやジュゴンが妖艶かというと、「うーん」としかいえない。

海の哺乳類は、魚類や両生爬虫類と違って皮膚表面がなめらかで、実際にふれると弾力性があって温かい。たとえば海で溺れて意識が不明瞭なときに、マナティやジュゴンがぬーっと現れて、たまたま陸のほうへ押し戻してくれたら、目覚めたとき「あれは人魚だった！」と思うかもしれない。

あるいは、海牛類の、ゆったりのんびり泳ぐ姿は、見方によっては優雅にも見える。そんなふうに、あれこれ理由をひねり出してみるのだが、正直、妖艶なマーメイドには見えない。

けれども、マナティもジュゴンも、草食性のせいかとても性格が穏やかで、人魚には見えないものの、おっとりした個性的な顔が、私は大好きである。とくに、疲れているとき彼らが草を食む姿には大いに癒やされる。イルカの笑顔とはまた違って、「大丈夫？」「頑張り過ぎてない？」という感じで寄り添ってくれそうな温かさを感じる。

だから、マナティやジュゴンの置かれている現状が心配でならない。

現在、世界中で生存が確認されている海牛類はたった4種。マナティ科のアフリカマナティ、ニシインドマナティ、アマゾンマナティ、そしてジュゴン科のジュゴンだけである。

クジラや鰭脚類（アザラシ、アシカなど）に比べると非常に少ない。その背景には、彼らの食べ物が大きく関係している。

ジュゴン、マナティの主食は「かいそう」

海牛類は、海の哺乳類の中で唯一のベジタリアンで、主食は「かいそう」である。あえて平仮名で表記したのには理由がある。

海の中に生える「かいそう」といえば、日本人の多くは「海藻」を思い浮かべるだろう。ワカメやコンブがこの代表で、種子ではなく胞子を飛ばして繁殖する。

一方、海牛類が主食にしているのは「海草」である。海草は種子植物で、その成長には海藻類以上に太陽の光が必要となる。海の中で太陽光が届くのは水面から深さ100メートルほどが限度だ。水の濁り具合や、季節によって、さらに狭まることもある。

海の深さは、3000~6000メートルが一般的で、最も深いマリアナ海溝は約11キロメートルに及ぶ。これはエベレスト（8848メートル）がすっぽり入ってしまう深さである。そんな海洋の中で、深度100メートルの割合は全体のわずか1パーセントほどである。

このわずかな領域にしか生えない植物を餌としてしまった海牛類は、おのずと棲息域が制限される。つまり、餌に多様性を見出せなかったため、大規模に繁栄することができなかったといわれている。

実際、海牛類の化石種（太古の昔、繁栄していた種）は10種以上が知られているが、進化とともに衰退の一途をたどってしまった。

ジュゴンが食べるウミヒルモ

じつは、海牛類の化石種は日本で多く発見されており、ヌマタカイギュウ、タキカワカイギュウ、トヤマカイギュウなど、発見された地名がつけられている。タキカワカイギュウは、ほぼ全身の骨格が、今から500万年前の地層から発見された。まだ北海道滝川市が海だったころに棲息していたジュゴンの仲間で、体長は8メートルもあり、歯を持たず、海草だけでなくやわらかな海藻も食べていたようである。同じ地層からは冷たい海にすむ貝類が発見されているため、当時は冷たい海流が流れていたようである。現在も各地でさまざまな研究が続けられている。

現在生きているアフリカマナティ、ニシインドマナティ、アマゾンマナティ、ジュゴンの棲息域は、太陽光が通年届く熱帯から亜熱帯地域の浅瀬で、数頭〜十数頭のゆるい結びつきの群れで暮らしている。

ちなみに、国内で唯一ジュゴンを飼育している三重県の鳥羽水族館には、セレナという名のメスのジュゴンがいて、いつも美味しそうに餌の海草を食んでいる。

学生時代、北海道の酪農家さんのところに住み込みで牧場実習していたとき、毎朝私が牧草を持って行くと、牛たちが我先にと急いで駆け寄って来て、それはそれは美味しそうにその牧草を食べる。その姿を見て、そんなに美味しいのだろうかと思い、牧草を食べてみたことがある。すると、当たり前ではあるが、人間の私にはガサガサと硬いだけで味はなく、まったく美味しいと思えなかった。

セレナの海草を食べる姿を見ていると、性懲りもなく、そのときの誘惑がよみがえる。今度セレナの大好きなウミヒルモを試食してみようか、と。

ラクに水中を浮き沈みできる秘密

ジュゴンとマナティは、一緒くたに語られることが多い。しかし、よく見比べてもらえればすぐわかるが、結構違うのである。

たとえば、ジュゴンは浅瀬の海底に生える海草を食むので、口の形が下向きである。これに対してマナティは、海面に棲息するウォーターレタス（海草や水草の一種、和名ボタンウキクサ）などを好んで食べることから、口の形は直線状になっている。

さらに両者は、尾ビレにも大きな違いがある。

ジュゴンは、イルカと同じ三角型の尾ビレで、外洋の高速巡航（船に並走して泳ぐイルカのような泳ぎ方）にも適応できる尾ビレである。一方、マナティの尾ビレは、大きなしゃもじ型をしており、沿岸性の急発進加速度型（尾ビレを一振りするだけで急速加速できる泳ぎ方）である。

マナティは直線状の口としゃもじ型の尾ビレ（上）、ジュゴンは下向きの口と三角形の尾ビレをもつ（下）

また、ジュゴンのオスには立派な牙（上顎第二切歯）があり、この牙でオスをすぐ見分けることができる。

ジュゴンは、赤道をはさみ太平洋からインド洋、紅海、アフリカ東岸、日本では沖縄の周辺に棲息する。

マナティ3種の棲息地はそれぞれの名前が示すように、アフリカマナティはアフリカ西部近辺、ニシインドマナティ（ウエストインディアンマナティ、アメリカマナティともいう）は、アメリカのフロリダ州近辺にのみ棲息するフロリダマナティと、バハマからブラジルの沿岸および河川域に棲息するアンティリアンマナティの二つに分かれる。アマゾンマナティはアマゾン川の固有種で、ブラジル、コロンビア、エクアドル、ペルーにまたがって棲息する。

中でも沖縄は、ジュゴンの分布する最北限海域にあたる。しかし近年、餌となる海草の減少や漁業などの影響でジュゴンの数は激減し、絶滅の淵にいる。タイやフィリピン、オーストラリアの北側海域には、安定した数のジュゴンが棲息しているが、沿岸部のため人間社会の影響を受けやすく、常に絶滅の危機と隣り合わせである。マナティも同様だ。

一方、ジュゴンとマナティには共通点も多い。

肺から空気を抜いて潜水する

体長は3メートル前後で、体重は250~900キログラム、メスよりオスのほうが大きくなる傾向がある。草食性のため、盲腸があり、腸も比較的長い。消化時間が陸の草食動物よりはるかに長いのも特徴だ。

面白いことに、彼らは極力エネルギーを使いたくないのか、ただ怠惰なだけなのか、海の哺乳類の中で、最もラクな姿勢を水中で保てるような体になっている。

肺は魚の鰾（うきぶくろ）を彷彿（ほうふつ）させるように、背側一面にびっちり配置されているため、細かな姿勢制御をしなくとも、自然な姿勢で浮いていることができる。さらに、骨格がとても重くできているので、肺から少しの空気を抜くだけで、微動だにせず沈むことも可能である。

どの生物も、骨の組織は緻密質と海綿質からできている。緻密質は骨の外側にある硬い部分で、内部の小孔と網目状からなる部分を海綿質という。水中に棲息する動物は一般に、海綿質を増やして、その間に脂肪を蓄え、水に体を浮きやすくしているようである。クジラやイルカはそれが顕著である。一方、海牛類の骨は緻密質を多くすることで重量を増し、沈みやすくしているのだ。

プールで泳ぐ場面を想像してほしい。私たち人間もそうだが、哺乳類は意外と水に浮くよりも沈むほうが難しい。空気をたくさん溜め込んだ肺と、水より軽い皮下脂肪を蓄えているため、自然のままだと浮いてしまう。ダイビングのとき、重りを背負って潜るのはこのためである。

そこで、海牛類は骨を重くし、肺の空気を抜くだけで浮き沈みを調整できるように進化したのである。なんて素晴らしく効率的な体の構造であろう。一見すると少し鈍くさく見えるかもしれない彼らだが、彼らなりにじつに巧みに水中生活に適応している。

じつは「ゾウ」に近いジュゴンとマナティ

私の専門から外れるが、海牛類の起源についても少しふれておこう。海牛類は、アフリカ大陸を起源とするアフリカ獣上目（アフロテリア）に分類される。アフロテリアにはツチブタ、ハイラックス（イワダヌキ目の一種）、アフリカゾウも含まれている。

見た目がまるで異なるため、これらの動物が同じ進化系統にあることは最近までわかっていなかった。分子系統学（DNAなどの遺伝子情報を用いて系統を考える分野）の研究が発展したことで、近年徐々にその謎が明らかになったのである。

アフロテリアの動物のほとんどが、今もアフリカのみに棲息している。新生代初期から中期（約6500万年前～2500万年前）にかけて、アフリカ大陸は周囲を海に囲まれ、他の大陸とはつながっていなかったため、他の大陸から動物たちが侵入することがなかった。そのため、収斂進化の結果、さまざまな系統の動物たちがアフロテリアとなった。

また、アフリカ大陸が南アメリカ大陸から分断した1億5000万年前にアフロテリアが他の系統と進化上分離したという説もあり、現在でもさまざまに議論されている。

いずれにしても、隆盛期には1200種ほどの動物が棲息していたと考えられている。しかし、現在棲息するのは約75種で、絶滅してしまった種が多い。

こうした起源を持つこともあり、ジュゴンとマナティは、海の哺乳類の中でも特異な性質を持っている。

彼らは骨が極端に重く、肋骨の数も多い。たとえばオウギハクジラやマッコウクジラは9~11本だが、海牛類は平均19本だ。アフリカマナティとニシインドマナティは、前肢に爪がある。ジュゴンのオスは牙を持ち、歯の交換がゾウと同じように水平置換(後ろから前に歯が生え替わり、種によってその回数は決まっている)である。

いずれも、一般的な海の哺乳類には見られない特徴だ。

ジュゴンとマナティがどうしてこのような特徴を持っているのか、アフロテリアや他の哺乳類と比較することで、今後も明らかになってくるだろう。

フロリダで出合ったマナティ

20年ほど前、博物館の関連事業として、アメリカのフロリダ州にある「海棲哺乳類病理生物学研究所」(Marine Mammal Pathobiology Lab)を訪れたことがある。

同研究所は、周囲の沿岸で発見されるストランディング個体や生きた個体、とくにニシインドマナティ(通称フロリダマナティ)の調査と研究を行っていることで知られる。

そこで1週間ほど、実際の調査に参加し、マナティの解剖の手技手法を学んだり、死因究明の手伝いをしながら、ストランディング調査のノウハウを学んだりすることが目的である。

アメリカでは大統領直下に、海棲哺乳類保護法(Marine Mammal Protection Act)という法律が制定されている。国を挙げて、海の哺乳類の調査・研究、保護を推進しているのだ。海軍や陸軍なども、海の哺乳類に関係する活動要請に応じることが義務づけられている。

そのため、海の哺乳類に関係する研究所や学術機関は、どこも予算が潤沢で、設備やマンパワーが十二分に整っている。研究者たちは余裕を持って自分の仕事に没頭できる(166ページ、258ページ参照)。訪問先の研究所も同様で、日本の状況との違いに驚きながらも刺激的な日々を過ごした。

とくに、同研究所で当時調査チームのリーダーを務めていたSentiel A. Rommel氏

（愛称・ブッチさん）にはとてもお世話になった。じつは、ブッチさんにお会いすることも、この研究所を訪問先に選んだ一つの大きな理由だった。

ブッチさんは、ＣＴで撮影した３Ｄ画像を活用して、マナティの体を解剖学や形態学の側面から研究している第一人者だ。

研究所には、週に10頭以上のマナティの死体が運び込まれてくる。私たちが訪問した週は、１週間に15頭以上死亡したという情報が、研究所の壁に掛けられたホワイトボードに書かれていた。

朝、解剖室に行くと、すでに4～5頭のマナティの死体が横たわっている。海牛類の解剖は、これが初めての経験だった。背側一面に肺が並んでいること、草食性を示す盲腸があること、口周辺に洞毛という感覚に優れた毛が密集していること。それまでテキストや論文などで知っていた情報を、自分で観察し、実際のマナティにふれながら確認できた。

研究所には1週間に10頭以上ものストランディング個体が運び込まれるので、調査にはまったく無駄がない。国内のいろいろな施設に研究用のサンプルを送るため、用途に合わせてさまざまなサンプル瓶やコンテナーが準備されていて、鮮やかにサンプルが採取されていく。熟練した研究者たちの動きは美しく優雅で、これが真のプロフエッショナルなのだと感動したことをよく覚えている。

華やかな観光地の陰で起きていること

じつは、フロリダで過ごした数週間は、よい思い出ばかりではなく、野生動物と人間がうまく共存することの難しさを痛感した日々でもあった。

フロリダには、海の哺乳類に限らず、フロリダクロクマ、フロリダパンサーやペリカン、ワニなどの爬虫類といった多くの野生動物が棲息している。一方で、世界的に有名な観光地でもあるため、1年を通して多くの観光客が国内外から余暇を過ごしに集まってくる。中でも、大人気なのは海のレジャーだ。ヨット、ボート、ジェットスキー、パラセーリング、フィッシング、ダイビングなど何でも来いで、海好きの人にとってはパラダイスだろう。

しかし、人間がマリンスポーツを楽しむ沿岸域は、マナティの棲息する場所でもある。ブッチさんの研究所に、週10頭以上ものマナティの死体が運び込まれて来るのは、ここに理由があった。

もともと、こうした海のレジャーが、マナティなどの海の生物にどの程度の影響を

与えているのか、その実態を把握するために、この研究所は建設された。

アメリカ政府やフロリダ州も、影響についてある程度は知っている。しかし、観光客や観光業から得られる収益は莫大だ。富裕層の別荘地としても人気のこの地では、海のレジャーを規制することは、ある意味、自分たちの首を絞めることにもつながる。としても、まずは実態を把握することが先決となり、この研究所が設立された。

多くの場合、自然環境や野生動物の保護・保全は、経済と拮抗（きっこう）する。世界的にも海の哺乳類の保護や研究が進んでいるアメリカですら、そうなのだ。

私が解剖調査させてもらったマナティの死体の背中にも、ボートのスクリューによる平行線の傷が4～5本ついていた。観光客の増える土日を過ぎた月曜日には、とくに死体の数が増えることもわかっている。

マナティは、素早い動きが苦手なため、ボートやヨットが高速で近づいてきても、避けきれずに衝突してしまうのである。スクリューにより背中を傷つけられると、大量出血して死んでしまうか、衝撃によってショック死を起こす。あるいは、傷が肺まで達すると、急性の呼吸不全で死亡する。そうした人為的な原因が、死因の上位を占めているという現実は何とも切ない。

かりに即死は免れて保護されても、無事に海へ戻れるとは限らない。

実際に、ボートのスクリューで背中を傷つけられ、生死をさまよっているマナティを保護した動物園を訪ねた。そのマナティは、傷ついた片側の胸部が気胸（肺の中の空気が胸腔内に漏れ出る状態）によって大きく膨らみ、沈むことができずに水面を漂っていた。

屋外のプールだったため、直射日光で水面から出ている皮膚がただれてしまい、そこに日焼け止めクリームがべったりと塗られていた。スタッフの話では、こうなると助かる確率はかなり低いという。こんなふうに傷を負ったマナティが動物園に運び込まれても、助けることはほとんどできないそうである。

私たち人間が快適で楽しいと感じる時間は、このマナティのように、多くの野生動物の犠牲を生み出している時間でもある。

そうした人的要因で死んだ個体を、毎日のように調査しているブッチさんや他のスタッフの方々の心中はいかばかりだろう。当時の私には、直接尋ねることはとてもできなかった。でも、みんな人と野生動物が共存できる道を模索するために日々、励んでいるのは間違いない。もちろん、私たち日本の研究者も同様だ。

そんな思いにもやもやしていたある日の夕方、研究所の近くの海岸で見た美しいサンセットが、心を少しリセットしてくれた。

このとき、一緒に夕日を見ていた研究所の男性スタッフの中に新婚さんがいて、ブッチさんが茶化すように「新婚生活はどうだい？」と聞くと、彼は一言「mellow（甘い）」とつぶやいた。その幸せそうな横顔と、それを祝福するみんなの笑い声が今でも忘れられない。いつも真剣な顔で調査している彼らのプライベートを、ほんの少し垣間見た瞬間でもあった。

ちなみに、ブッチさんには、プライベートでもいろいろとお世話になった。

ブッチさんは、『北斗の拳』の主人公さながらに、60代とは思えない屈強な体格をしていた。ベトナム戦争時代、日本の米軍基地に滞在していた経験から、日本にとても親しみを感じていて、私にもとても親切にしてくださった。

ご自宅へ招待されて、彼の手づくりの夕食をご馳走になったり、家に泊めてもらったりすることもしばしばだった。海外では、研究者本人の自宅に呼ばれることが多く、日本ではほとんど経験したことのない習慣だったので、最初の頃は、「お土産は何がいいかな」「泊まるのなら、バスタオルは持っていくべき？」「ちゃんと寝られるかな」などかなり戸惑ったが、経験を積むにつれすぐに慣れて、田舎のおばあちゃん家に行くような感覚で各地の研究者宅を訪問できるようになったのだった。

ジュゴンの標本調査 in プーケット

フロリダもそうだが、世界的に知られているリゾート地が、海の哺乳類の重要な棲息場所だったり、研究施設があることも多い。環境省の委託事業であるジュゴンのDNA解析と形態学的研究で訪れたタイもそうだった。あの有名なプーケット周辺の海にはジュゴンがいて、日本の水産庁にあたる機関の分署「PMBC（Phuket Marine Biological Center、プーケット海洋生物研究所）」が設置されている。

プーケット周辺やタイ沿岸に棲息するジュゴンは、日本より個体数は安定している。しかし、ここでもフロリダと同じようにジュゴンの死亡事故は相次いでおり、国を挙げて保護政策が取られている。

タイに旅立つ前、友人たちから、

「プーケットに行くなんてうらやましい〜〜」

といわれ、

「いやいや、あくまで仕事で行くので、楽しんでる時間なんてありません。お土産も期待しないでね」

と答えたのだが、実際に到着してみると、さすが世界的に人気のリゾート地。空港

に到着するやいなや、ミス・タイのようにきれいなお姉さんたちが、ハイビスカスのレイを首にかけてくれたりするものだから、ちょっと浮かれた気分になった。

このとき私たちが宿泊したのは、ジェームズ・ボンドでお馴染みの「007シリーズ」のロケ地にもなったホテルだった。まずい……、リゾート感たっぷりである。

「ああ、ここをあの有名なロジャー・ムーアが歩いてたのか」

と、想像するとニヤついてしまったのだ。

翌日、仕事が始まると観光気分はすぐに吹き飛ぶ。

ＰＭＢＣには、カンジャナさんという

PMBCのメンバーと。中央がカンジャナさん、左から2番目が筆者

女性の研究者がいた。彼女は国に所属する研究者でありＰＭＢＣの所長でもあった。タイ沿岸に棲息する海の哺乳類を研究対象としていて、とくにジュゴンの生態学と保護活動に力を入れていた。沖縄の琉球大学で博士号を取得したので、日本語も少し話せて、ジュゴンについて多くの研究を積んでいた。

研究のための資材や機器が十分に整っていない中でも、日本の京都大学の研究チームと共同研究を行っていて、ジュゴンの個体数や行動、音声などの研究を進めていた。また、ＰＭＢＣでは、生きている個体の研究だけではなく、死体として発見されたジュゴンやその他の海の哺乳類やウミガメについても、可能な限り解剖調査を行っていた。骨格も標本として保管しているということで、私たちは到着した翌日から、その保管されているジュゴンの骨格標本の調査に着手した。頭骨や肋骨の写真を撮り、計測や骨の数を数えたりする。日本の個体と違いがあるかどうかを確認するため、細部の構造を観察し、また写真を撮る。

ジュゴン以外の標本の整理も行うことにした。これは予定外の行動ではあるが、ＰＭＢＣから頼まれたわけでもなく、標本の保管状態があまり芳しいとはいえず、野ざらし状態のものが少なくなかったからである。私たち日本のチームで標本から種の同定をし、標本にとって適切な方法で保管し直した。

結果的にＰＭＢＣのスタッフの方々に喜んでもらえただけでなく、私たちにとっても「へ〜、こんな標本があるのか」「こんな種がタイにはいるんだな」という新発見にもつながった。海の哺乳類の研究を進めるという共通の目的に向かって、世界中の現場で協力し合えることは何よりの喜びだ。

タイの研究者カンジャナさんのこと

カンジャナさんのすごいところは、研究の最前線を担うだけでなく、ジュゴンの保護活動の重要性を一般の人たちに広く伝えていることだ。

Ｔシャツ、マグカップ、キャップ、トートバックなどにジュゴンのキャラクターを入れたグッズをつくったり、絵本、ＳＮＳ、講演会などを通じて、ジュゴンの置かれている現状や、人間が今すべきことを発信し続けていた。

アジアの一部では、現在もなお、海牛類が食用として珍重されていて、密漁が絶えない。そうした人たちに向き合って、理解を求める活動もしていた。

タイは仏教国でもあるせいか、一般的に動物に対してとても優しく、寛容だ。人間も動物も同じ仲間として捉えている感が強いというのだろうか。海の哺乳類に対しても熱心に調査・研究を進めていて、私たちも見習うべきところが多かった。

ジュゴンの音声を録音するために、海の中に定点カメラやハイドロフォン（水中マイク）を設置して、録音された音声と彼らの行動を観察する。すると、ジュゴンがどんなところで餌を食べ、どんなところで休息し、子育てをするのか、いろいろなことがわかってくる。

とくに注意が必要な群れや海域も特定できるため、保護対策が取りやすくなる。ジュゴンが夜行性であるという習性も、こうした地道な調査から得られたものである。

カンジャナさんのチームは、ジュゴンだけでなく、ベンガル湾にいるカツオクジラの調査も長年続けている。ここのカツオクジラは、口を開けたまま水面にいて、餌の魚がどんどん勝手に口に入ってくるのを待つという、なんとも呑気な摂餌をする。SNSなどで話題になったこともあり、ご存じの方もいらっしゃるだろう。

別の機会には、クジラの調査でお世話になった。日本でストランディングしたツノシマクジラの個体を新種として論文化するため、タイ国内に点在する類似のヒゲクジラの骨格標本を2週間かけて調査行脚したのだ。

8人乗りのバンでタイ国内を移動しながら、かれこれ2週間も寝食を共にした。民放番組で流行ったラブワゴンではないが、2週間の間に仲間意識がとても高まり、最

後の日には空港で涙々のお別れものであった。

この調査で合計53個体のヒゲクジラの骨格標本を調査することができ、3章で紹介したアンスロポミター（149ページ参照）も大活躍したのであった。

カンジャナさんはとてもよく気のつく方で、狭いバンの中で私たちが窮屈そうにしていると、道中で何度も車を止め、タイのフルーツやお菓子を買って英気を養ってくれたり、有名な寺院や仏閣を通ればガイド張りに詳細に説明してくれたりした。ユーモアもあり、食事をしながらの笑顔が忘れられない。

そんなカンジャナさんは、10年ほど前にがんで他界した。お世話になった私たち科博のスタッフは、シンガポールの学会のあと、闘病中のカンジャナさんに会いに行ったことがある。抗がん剤の治療中だったが、その笑顔は以前と変わらず元気そうで、少し安心した。

しかし、現地のスタッフの話では、その前日まで具合が悪く、とても人に会える状態ではなかったとのこと。彼女の笑顔からはそんなことは微塵(みじん)も感じられなかったのだが、思えば、優しくて、みんなにいつも気を配っていた彼女らしい姿だった。

カンジャナさんのSNSは今もネット上に残っていて、そこにはジュゴンのイラストが添えられている。彼女は今もジュゴンと共に大海原を自由に泳いでいるのだろう、と想像する。

タイでは彼女の意志を継いだ多くのスタッフの方々が、今もジュゴンやカツオクジラの調査、研究を進めている。

「田島さん、沖縄でジュゴンが死んだので……」

日本では、南西諸島の沿岸に野生のジュゴンがわずかばかり棲息している。ここはジュゴン棲息域の最北限にあたる。しかし、米軍基地や空港建設などの影響で、ジュゴンの餌である海草の棲息地が激減し、今や最も絶滅の危機に瀕している。

ジュゴンを守るために、日頃から保護団体と政府間でさまざまなやりとりが行われていることをご存じの方も少なくないだろう。

数年前のある日、環境省の方からいきなり科博の私のもとへ連絡がきた。

「沖縄で、成体のメスのジュゴンの死体が発見され、環境省と沖縄美ら海水族館主導で死因解明の解剖調査を実施するのですが、調査に際していくつかの助言をいただきたいのです」

とのこと。

ちょっと大変なことになりそうな予感がした。調査結果は、生物学的なことだけにとどまらない。前述したように政治的な問題にも関わることを思うと、それなりの覚悟が必要である。

そもそも、解剖調査を行って死因を特定できるかどうかもわからない。専門家チームが集結して「何もわかりませんでした」では済まされない事案だと感じた。そこで、協力できるかどうかは別として、とりあえずお話を伺うことにした。

環境省の人の話は、次のような内容だった。

沖縄では、環境省を含む研究チームが、先のタイ同様にハイドロフォン（水中マイク）を各所に設置し、沖縄周辺のジュゴンの棲息場所や行動観察を行っているが、そのハイドロフォンに、ある時期、数日にわたって夜間しきりにジュゴンの鳴き声が録音され、その鳴き声があまり聴いたことのないタイプのものであったとのこと。その後まもなくして、ジュゴンの死体が発見されたことから、おそらく鳴いていたのはその個体であり、生前、その個体に何かしらの事態が起こって死亡したのではないか、そう推測しているようだった。

現在、ジュゴンの死体は、地元の水族館に運搬され、解剖調査チームを編成しているのだが、私にどのような部位を観察して、どのようなサンプルを取り、どのような追次検査（細菌検査や血液検査、環境汚染物質解析など）をすれば死因解明につながるのかを助言してほしい、ということだった。

「そんな、簡単におっしゃいますが……」

と、心の中でつぶやく。

クジラやイルカの調査であれば、過去の経験からある程度の見通しもつくが、海牛類の調査は、フロリダでの経験しかない。簡単にいえば、まったくもって自信がなかった。ところが、そんな思いとは裏腹に、自分でも驚くような言葉が口をついて出た。

「ジュゴンもクジラと同じ哺乳類なので共通性はあります。何かしらの異常や変化があればわかるでしょう。もし調査を行うのであれば、私もその解剖調査チームに参画させていただけますか？」

ええーーっ！　何をいっているんだ私、と心中パニックである。

またやってしまった。最初は「お話を聞くだけなら」とか「引き受けるかどうかは検討したい」と伝えていたのに、最終的に研究者としての興味や探究心が勝ってしまい、ナント自ら立候補しているではないか。

電話を切って頭を抱えていると、近くで一部始終を聞いていたスタッフに「大丈夫ですよ、田島さん。いつものことじゃないですか」といわれる。確かにそうだ。いつものことなのだ。あとは当たって砕けろ、である。

環境省からの折り返しの電話で、めでたく（！）私も解剖調査チームに加えていただくことになり、すぐに沖縄に飛んだ。

ただならぬプレッシャーの中、死因を探る

環境省から連絡をもらった数日後には、「めんそーれ」の言葉に歓迎され、那覇空港に到着していた。翌朝からの調査に備え、宿泊施設で少し体を休めようと思った矢先、環境省の人にロビーへ呼び出される。

矢継ぎ早に「調査が終わるまで、今回のことは他言無用でお願いします」「調査後も、環境省から公式発表されるまで、調査内容は極秘にしてください」といったようなことを厳重に指示され、誓約書まで交わした。

部屋へ戻ったあと、改めて事の深刻さを感じ、窓の外のブーゲンビリアの花が咲き乱れる景色を見ながら、参加したことを一瞬、後悔した。

翌朝、水族館へ到着し、関係者とあいさつを交わしたあと、調査対象のジュゴンと対面した。全長は3メートルはあっただろうか、丸々と肥ったとても立派な体格をし

たメスの個体である。おそらく相当年齢のいった個体であることが外貌から見て取れたので、老衰死も視野に入れる必要がある、とすでに病理屋のスイッチが入る。

外貌の計測や写真撮影をスムーズに終え、内臓の調査に突入する。同じ海の哺乳類でも、クジラとは内臓の配置が全然違っていた。マナティとも違う。まず、心臓がノドのすぐ下（胸腔の最頭側）にあるため、表皮を剝がすときは慎重に慎重を重ねた。肺は背側に一面に並んでいるため、先におなかの臓器を出さないと、肺全体を見渡すことができない。腸は草食性ならではの、とても長く、とても太いもので、クジラよりも扱いが大変だった。

調査中、沖縄の暑さが体力を奪っていく。解剖室は決して風通しがよいとはいえず、さらに感染症対策のための防護服とマスクが暑さに拍車をかけていた。いつも以上に汗まみれの状態で、腸を少しずつ引っ張り出したり、心臓を慎重に取り出したりしていく。果たしてどんな結果になるのかという緊張感もあり、変な汗も一緒に出ていた気がする。

わずかな休憩時間に、スポーツドリンクを一気に飲み干す。

ふと、子どもの頃に、父親がいつもストローの包装紙を蛇腹に折って、そこに水を1滴垂らし、ジュワーッと伸びて生きた毛虫のように見える芸当を、妹と私に見せてくれたことを思い出す。その包装紙の毛虫さながらに、体中にジュワーッと水分が染みわたった。

解剖、再開。

取り出した主要な内臓には目で見る限り、異常はまだ見つからない。念のため、病理検査用にサンプルを採取していく。改めて、皮膚の表面に変化がないか、頭側から慎重に観察していく。すると、体幹の右腹側の皮膚に、何やら穴のようなものを発見したスタッフがいた。一同で改めてよく観察してみると、確かに直径1センチメートルほどの穴が開いている。

穴はまだおなかに残っていた腸の方向に向けて伸びており、そこに長さ23センチメートルのエイの棘らしきものが突き刺さっていた。

「ヤッタ！」

と、声を出しそうになる。

しかし、ひとまずぐっとこらえて棘の先を探っていく。すると、腸の一部が棘によって破裂し、腸の内容物が腹腔の中に散乱していた。

間違いなくこれが死因である。自然死とわかった瞬間、現場の空気が一気にゆるんだ。

その後の追次調査で、棘は沖縄周辺に棲息するオグロオトメエイというエイのものであることが判明。オグロオトメエイは、ダイビング業界でも危険生物リストに挙げられている種だ。人間も、この棘に刺されると、ケガをしたり、死亡したりする場合もある。

メスのジュゴンは、エイの棘が刺さったあと、その痛みに耐えかねて夜間ずっと鳴いていたのだろう。鳴き声が数日にわたって録音されていたことを思うと、いたたまれない気持ちになる。

ジュゴンがエイの棘で死んでしまうなんて、誰も想像していなかった。実際に一件一件、解剖調査をすることで、こういう知見が蓄積されていくのである。

ステラー海牛はなぜ絶滅したか

海牛類については、最後にもう一つ、あるエピソードをご紹介しておきたい。

1741年、ロシア帝国の探検家であるヴィトゥス・ベーリング氏が、カムチャツカ半島、アリューシャン列島、アラスカなどを探検する航海に出帆した。ちなみにアラスカとシベリアの間にあるベーリング海峡は、彼にちなんで名づけられたものであ

る。

　この航海には、ゲオルク・ヴィルヘルム・ステラー氏という人物も同行していた。ステラー氏はドイツ人だが、ロシア帝国の博物学者であり、探検家で医師でもあった。

　航海の道中、コマンドル諸島の無人島（のちにベーリング島と名づけられる）で船が難破し、隊長のベーリング氏がまさかの病死。ステラー氏が代わりに隊長となり、無人島からの脱出を見事成功させた。

　このときの体験を元に、ステラー氏は『ベーリング海の海獣調査』『カムチャツカ誌』などを著し、どちらも彼の死後刊行された。これらの著書には、無人島の沿岸海域で、ステラーカイギュウ、メガネウ、ステラーシーイーグルなどの新種の生物を発見したことも綴られていた。ステラーカイギュウは海牛類の一種、メガネウはカワウやウミウなどの海鳥の一種、ステラーシーイーグルは猛禽類の一種である。

　しかし皮肉なことに、その著書がきっかけとなり、コマンドル諸島における珍しい動物の存在が人々に知れわたった。その結果、ステラーカイギュウとメガネウは乱獲され、ステラーカイギュウは、発見からわずか27年で絶滅したのである。唯一、ステラーシーイーグル（和名：オオワシ）は現在も棲息し、北海道でも見ることができる、最大級の猛禽類である。

ステラーカイギュウは、体長11メートル、体重6トンにもなる大きな種で、ジュゴンやマナティとは違い、寒帯から亜北極圏に棲息していた。草食性だが、海草ではなく海藻（ワカメやコンブなど）を餌としていた。

しかし、すでに絶滅してしまったため、ステラーカイギュウの生態や外貌の記録は、ステラー氏の死後に出版された彼の書籍の中にしか残っていない。骨格などの標本は、大英自然史博物館、フランスの国立自然史博物館、アメリカの国立自然史博物館などに保管されており、別件の調査で訪れたときに見ることができた。その大きさに圧倒されたのを覚えている。

ステラーカイギュウが今も生存していたら、海牛類はもっと世界中で繁栄していたかもしれない。人間が脅威となって、その可能性は途絶えてしまった。

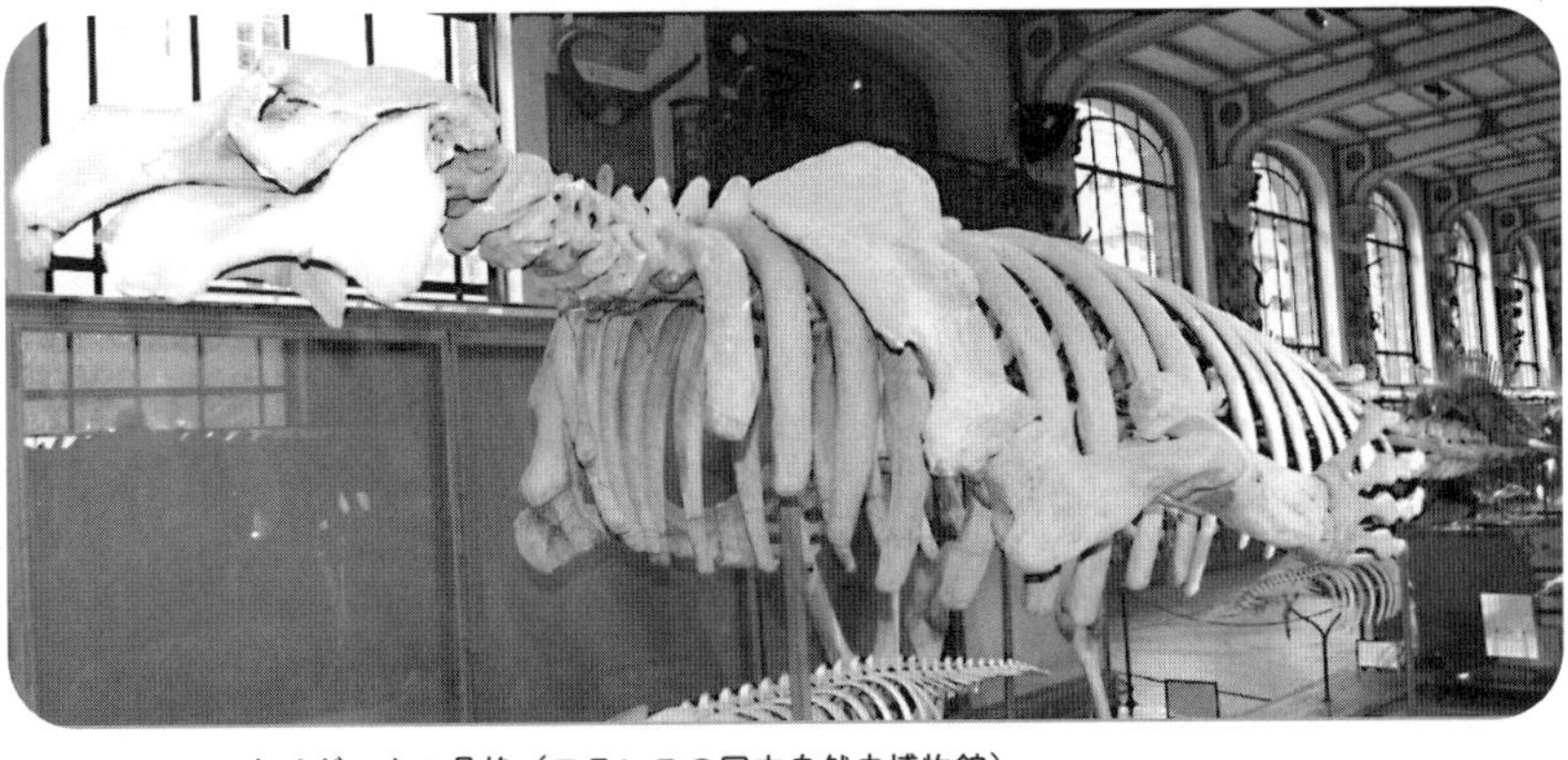

ステラーカイギュウの骨格（フランスの国立自然史博物館）

絶滅危惧の解剖学者たち

博物館を含む学術世界の中には、もう一つの絶滅危惧種が存在する。それは解剖学を専門とする研究者である。私もその個体群の端くれに場所をいただいている。マナティ（6章）やセイウチ（5章）が「もっと餌に多様性を見出せば繁栄できたのに」なんて、偉そうに書いたが、自分の研究分野が先に絶滅してしまっては笑い話にもならない。

博物館の未来にとって大事なことなので、少し難しい話になるが、ちょっとだけおつきあいいただきたい。

解剖学と一口にいっても、機能解剖学、肉眼解剖学、顕微解剖学（組織学）、系統解剖学、比較解剖学などさまざまな分野がある。このうち、比較解剖学と肉眼解剖学を基本とした論文を作成し、私は東京大学で博士号を取得した。

肉眼解剖学とは、解剖の過程で、ある構造や部位を「肉眼的」に観察し、考察していく分野である。一方、複数の生物の特定の構造を比較し、そこで観察された違い、あるいは共通する事項を考察するのが比較解剖学である。

私は、東京大学に在籍中も、肉眼解剖学と比較解剖学を学ぶために科博に出入りしていたが、それは解剖学を専攻する山田格先生に教えを請うためだった。

山田先生は、東京大学理学部人類学研究室を卒業後、15年にわたって医学部で肉眼解剖学を医学生に教えていた経歴を持つ。その技や知識は私の想像をはるかに超えるスゴいものであった。学者とはこういう人に与えられる称号なのだろう、と初めて思えた先生である。

そのお仲間の先生方も、スゴい達人ばかりで、私が親交を深めさせていただいている新潟県立看護大学名誉教授の関谷伸一先生も、その一人である。こうした先生方が、ナント今や絶滅危惧種となっているのだ。

肉眼解剖学はしごく単純な作業であり、標本とピンセットがあれば事は足りてしまう。しかし、だからこそ観察力、考察力や理解力が問われる学問であり、研究者の力量が如実に露呈する。同じ標本を観察しても、先生方の理解や技に到達するまでには、長年の経験が必要であり、多くの知識も要求される。

海の哺乳類という特殊な動物を対象とすれば、そこに隠されている哺乳類としての一般性と、海へ戻った彼らだけが獲得した特殊性をどう識別するのかは、まさに腕の見せ所となる。その〝腕〟が、前記した先生方はスゴいのだ。

たとえば、首から肩にかけて僧帽筋という筋肉が、私たち人間を含む哺乳類にはある。イルカも哺乳類なので、この僧帽筋はあるはずである。しかし、かつては、イルカには僧帽筋は無いとか、僧帽筋はあっても私たち人間とは全然違うように存在している、という説があった。

では、本当はどうなっているのか?を確かめるためには、自分たちで僧帽筋を観察するしかない。そして、首から肩にかけてたくさんある筋肉の中から、まず僧帽筋を探し出さなくてはならない。れっきとした根拠を元に、である。なんとなく「ここが僧帽筋かなあ……」では、昔の研究者の二の舞だ。確実な根拠としては、筋肉を支配している神経を追いかけていくのが定法である。この筋肉と神経の関係を解明するのが、ものすごく大変であり、見つけたところで、どの神経がどの筋肉を支配しているのかは、さらに細かく探っていかなければたどりつかない。

山田先生や関谷先生はそれをサクサク解明し、ブツブツ独り言をいいながら、僧帽筋を特定していってしまうのである。2人の様子を見ていると、私がいくら時間を重ねても、果たして追いつく日がくるのだろうか、と不安にさえなる。

肉眼解剖学の作業は、1ミリメートル単位の気が遠くなるような細かな作業の繰り返しで、膨大な時間がかかる。その作業に面白さを見出せないと、ただの辛い単純作業になってしまう。そのため、繰り返し作業に時間や資金を費やす余裕のない現場では行われなくなってきているのだ。

現在では、肉眼解剖学は〝終わった学問〟と捉えられ、後継者が育つ環境は学術機関では少なくなってきている。

しかし、解剖学は、医学や獣医学はもちろんのこと、生物を学ぶ上では基礎中の基礎であり、生物を扱う者ならば、必ず習得しなければならない学問である。

「無駄の中に宝は眠っており、その無駄を経験しなければ宝を発見する能力は得られない。結果として無駄なものは何一つない」

とよく先生方から教えられた。無駄は経験値となり、宝とは新発見や今まで見過ごしていた結果である。

実際、そうした無駄と思える時間や経験をどれだけ過ごせたかによって、その人のその後の生き様が決定するのではないだろうか。現在も両先生は大活躍中である。博物館はそうした解剖学をとりまく現状の中の、最後に残された砦なのかもしれない。

7章

死体から聞こえるメッセージ

「死体が好きなんですか？」と聞かれて

寒風吹きすさぶ海岸で、血まみれになりながら、海岸に打ち上がったクジラやイルカの死体を解剖調査していると、

「なぜ、そこまでして解剖する必要があるのですか？」

という質問を受けることがある。

「死体が好きなんですか？」

と聞かれたこともある。

あまりにダイレクトな質問に思わず笑ってしまったが、決して死体が好きなわけではない。

ただ、大学時代、獣医学部の獣医病理学教室に所属し、陸上の哺乳類を使った解剖実習で、体の臓器や器官が整然と配置されているのを見て感動したのは事実だ。さらに個々の組織を顕微鏡で見ると、それぞれの細胞が相互につながり合い、一定の規則

に則って、見事に機能している様子はまさに神秘的で、そうしたしくみによって自分たちが生かされていることの不思議を学ぶことが純粋に楽しかった。

一つ一つの細胞にはちゃんとした役割があり、托された役割をまっとうする機能が備わっている。

体に侵入した病原菌に対し、たとえるならミサイルや毒ガスで殺そうとする細胞（リンパ球）もあれば、病原菌をむしゃむしゃ食べて自害する細胞（大食細胞）もある。また、尿が溜まってくると、膀胱の体積を大きくするために扁平（へんぺい）になる膀胱の細胞（移行上皮細胞）や、尿がつくられるプロセスにも、驚くほど多くの細胞が携わっており、じつに精緻で巧妙なシステムが構築されている。

そうした目に見えないミクロな世界で、私たちの生命活動を支えてくれている細胞たちに感謝したい気持ちになった。今もその思いは変わらない。

一方で、ひとたびそのシステムや法則に狂いが生じると、臓器や組織は正常に機能しなくなり、あっという間に死んでしまう脆（もろ）さも併せ持っている。むしろ、健康が保たれていることのほうが奇跡に思える。

だから、死体が好きなわけではない。正常な生命活動が営まれていることの素晴らしさを知っているからこそ、原因不明で海岸に打ち上がったクジラやイルカの死体を放っておけないのである。

本来、海にすんでいる哺乳類たちが、なぜ自ら海岸に打ち上がり、そして死んでしまうのか、その原因をただただ知りたいと思ったのが、今の仕事を始めた動機だ。

海で暮らしている哺乳類が、自ら海岸に打ち上がって来てしまうのは、もしかしたら病気にかかってしまったからではないのか、その原因を大学時代に培った経験を活かし、一つでも多く解明できれば、その件数は減るのではないか、と思ったのである。

死因につながる一筋の道を全力で探す

海岸に打ち上がってくる海の哺乳類たちの調査・研究に従事してから、かれこれ20年が過ぎようとしている。

死んでしまった個体の死を無駄にしないために、粗大ごみとして処理される前に、一つでも多くの個体を調査・研究すべく、ストランディングの一報が入ると、大きな荷物を背負って全国どこへでも駆けつけることは、これまで繰り返しお話ししてきた。

ストランディングの外的要因としては、漁網や漁具に絡まって死亡したり、混獲（151ページ参照）や船との衝突などによる事故の他、サメやシャチなどの外敵に襲われて死亡したりする場合がある。

外的要因が明らかな場合でも、解剖調査を並行して行う。体の中にどのような影響があるかを確認するためだ。

たとえば、漁網に掛かった場合、皮膚や内臓にどのようなダメージを受けて死に至るのか、といったことを調べるのである。これは海の哺乳類と人間が共生していく道を探るうえでも重要だと思う。

また、外的要因が強く疑われる個体でも、内臓に病気がないとは限らない。病気にかかって衰弱していたことで、網に絡まったり、外敵に襲われたりすることも考えられるからだ。

海の哺乳類に見られる病気は、私たち人間とほぼ共通している。動脈硬化症、

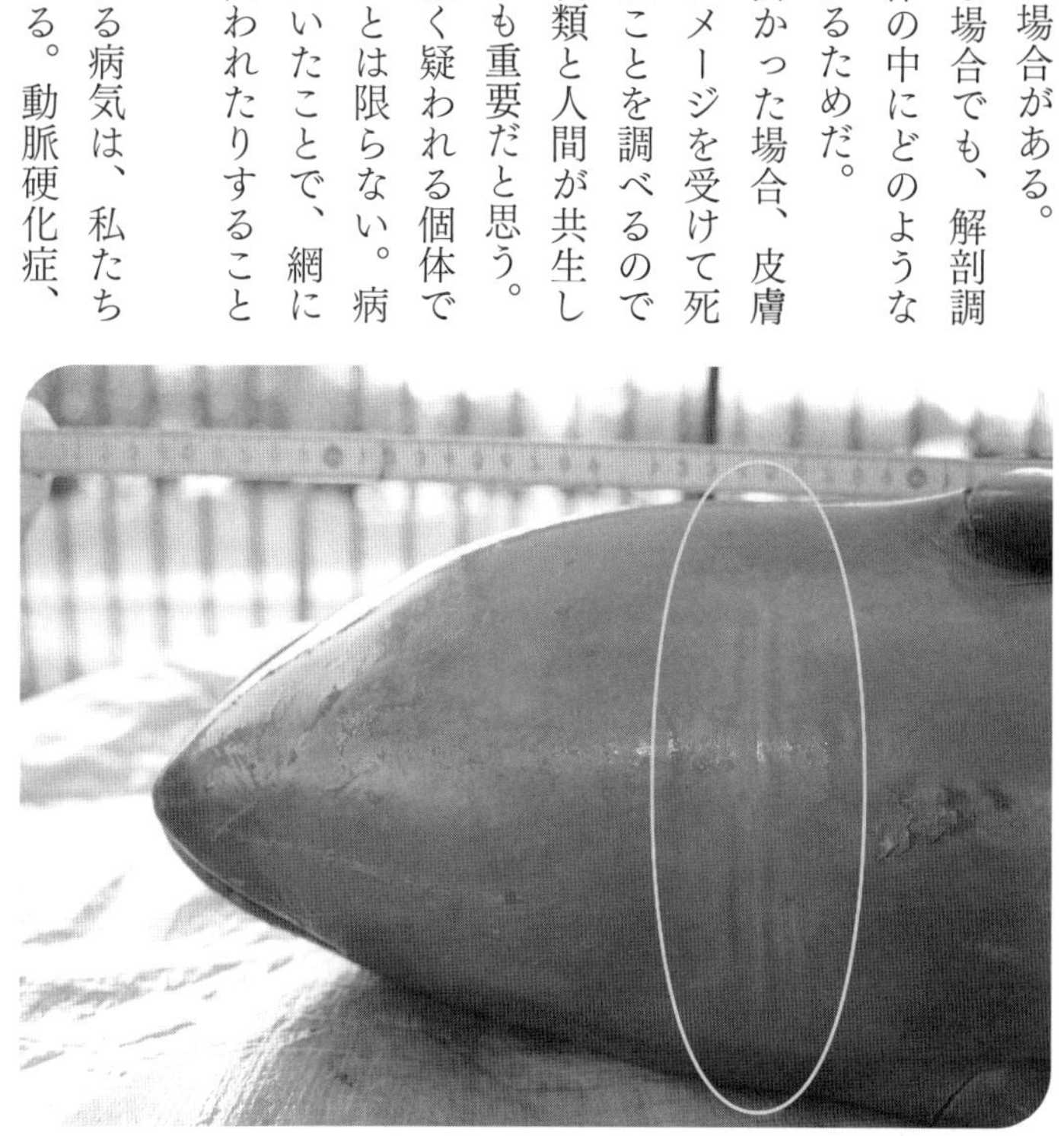

スナメリの下顎。漁網に絡まってできた傷痕がある

がん、肺炎、心臓病、感染症は、その代表である。

人間の医学領域には、法医学と呼ばれる分野がある。変死者または変死の疑いがある死体は、検視（司法解剖）を行って原因を特定し、事件性の有無を含めて明らかにすることを、日本の法律では義務づけている。海の哺乳類を含む野生動物の死体は、そのほとんどが変死体であるため、ストランディング個体の解剖調査は、この検視に似ているところがある。

死体から一つでも多くの死因や原因に関する情報を見つけ出すことができれば、今後の動物たちの治療や健康管理に活かすことができる。

野生動物の病理学的調査は、生きているときの情報がまったくないため、体の外側や内側をくまなく肉眼や顕微鏡で観察し、死につながった異常を見つける作業を徹底的に行う。

このとき、気象の情報や海洋環境に変化はなかったか、他の生物の影響は考えられるかなどの情報も併せて検討して、死因につながる一筋の道を探す。

いったん解剖調査を始めると、五感がすべてストランディング個体に集中し、話しかけられても耳に入らないことがしばしばだ。寒さや暑さ、死体の放つ強烈な腐敗臭さえ、そのときはまったく感じない。とにかく、内臓に鼻がぶつかるくらい顔を近づけ、ただ黙々と観察している光景は、傍目には異様に映ることだろう。

ストランディングは、海の生物たちにとっては不幸な出来事である。それをいつも忘れないようにしながら、死体でストランディングした個体に対しては、全力で死因の解明に力を注ぐのである。

事件を追う刑事さんは、執念深い人ほど真実にたどりつけると聞くが、私たちがストランディング調査している姿は、それに近いのかもしれない。

しかし、どれほど執念深く調べても、すべての個体で原因を解明できるわけではない。むしろ、死因がわからないまま「死んでいる」という事実だけが取り残されるケースのほうが圧倒的に多い。

解剖に集中すると血も臭いも気にならない

中には、新生児や哺乳期の幼体が単独で打ち上がり、衰弱死してしまうこともある。外的要因や内的要因だけでなく、なぜ親とはぐれてしまったのか、なぜ幼体が単独で死んだのか、親もどこかに打ち上がっているのか、など追求したいことはたくさんある。けれども、大海原で起こったことを知る術はほとんどない。

小さな新生児が、広い海岸線にポツンと横たわっている姿は、何度目にしても胸の奥がチクリとする。解剖調査で死因を特定できれば少しは役に立てただろうかという気持ちになるが、死因がわからないときは、自分の無力さに途方に暮れる。

そんなときは、テレビドラマで古株の刑事さんが、定年間際でようやく事件の重要ポイントを発見したりするシーンを思い浮かべることにしている。きっといつか、ストランディングの謎に近づく大発見があるに違いない。古株刑事さんを目指して、死体と向き合う日々は続くのである。

海洋プラスチックが見つかるとき

じつは近年、海洋汚染がストランディングに関係しているのではないかという説が注目されている。中でも、世界的に問題視されているのは、プラスチックごみの影響だ。

プラスチックごみは、直径5ミリメートル以上のものを「マクロプラスチック」、それ以下のものは「マイクロプラスチック」と定義されている。

いずれも、分解しにくい素材であるため、ひとたび自然界に拡散して海に入ると、長期間海を漂い、「海洋プラスチック」となる。海中の酸素を減少させたり、湧昇流（季節風や貿易風などの風、地形変化、潮流の影響で海洋深層水が海の表層近くへわき上がる現象。この現象によって栄養塩の豊富な深層水が光の届く表層に運ばれ、植物プランクトンが繁殖できる）の阻害などを招き、海洋生物の生存環境を脅かす。

海洋プラスチックの約7割が、河川から運ばれてくるというデータもある。これはつまり、私たち人間の生活圏でプラスチックの悪循環の第一章が始まっていることを示している。

たとえば、自動販売機の脇に設置されたごみ箱からあふれ出ているペットボトルや、道端にポイ捨てされたプラスチック製品が、大雨の日に側溝や河川へ流入し、海へ流れ込んでいく。そして、海へ流れ込む途中で、あるいは海へ流れ込んだあとで、プラスチック製品は、日光や物理的な摩擦によって小さな破片になり、海洋プラスチックとして蓄積されていくのである。

直径5ミリメートル以下の小さなプラスチック片を、魚類や貝類などが飲み込むと、消化器官や内臓を傷つけて、それ自体が死因になることもある。海鳥やウミガメでは、大型プラスチックを飲み込んだことで胃潰瘍になるなどの障害が報告されている。さらには、人の便からもマイクロプラスチックが検出されており、汚染は海と陸の両面で広がっているのがわかる。

私たち自身、2018年8月に神奈川県鎌倉市の海岸にシロナガスクジラの赤ちゃんがストランディングした際、その胃から直径約7センチメートルのプラスチック片を発見したことは紹介した（75ページ参照）。

このときはちょうど、海洋と海洋資源を保全する取り組みが、国際レベルで動き始めていた時期でもあった。2030年までに〝持続可能でよりよい世界を目指す国際目標〟として、2015年の国連サミットで「持続可能な開発のための2030アジェンダ（SDGs：Sustainable Development Goals）」が策定され、その17のゴール（目標）の中に、「海洋環境の保全及び海洋資源の持続可能な利用」が盛り込まれたのである。

そうしたことも相まって、シロナガスクジラの赤ちゃんの胃からプラスチック片が見つかったことは、国内外のマスメディアに数多く取り上げられた。

プラスチックごみがマイクロプラスチックになって……

これまで関心を持っていなかった方たちにも広く知っていただく機会となり、国内でもさまざまなアクションが起こり始めた。プラスチックごみによる海洋汚染の重大さを、真摯に捉える人が増えたことは嬉しい。

じつは、私たちはすでに25年ほど前から、ストランディングしたクジラの胃の中に大型海洋プラスチックを見つけている。しかし、今回のように授乳中の赤ちゃんクジラの胃から直径約7センチメートルのプラスチック片が発見されたことが、世の中的にはインパクトが大きかったようだ。

近年は、海の哺乳類だけでなく海洋生物全体に、人間社会の悪影響がより深刻化している。

環境汚染物質「POPs」の脅威

海洋プラスチックは、それ自体が海洋生物の内臓や組織にダメージを与えるだけでなく、もう一つ、より深刻な問題をはらんでいる。プラスチック片には、残留性有機汚染物質「POPs(Persistent Organic Pollutants)」が吸着し、濃縮することがわかっているのだ。

環境中に排出された化学物質の中には、大気汚染や水質汚濁の原因になったり、長期間にわたって土壌に蓄積した結果、生態系や人の健康に影響を及ぼすような環境汚染を引き起こすものがある。これを環境汚染物質と総称する。

その中で、「分解されにくい」「蓄積されやすい」「長距離移動性がある」「有害性がある」化学物質のことをＰＯＰｓと総称する。２００４年5月には、ＰＯＰｓの減少を目指すことを目的とした「ストックホルム条約」が発効されている。そうした条約ができるくらい、危険性の高い物質ということである。

一般に、ＰＯＰｓは食物連鎖を介して、小さな生物から大きな生物へと移行し、そのたびにどんどん濃縮されていく。したがって、海の食物連鎖の頂点に位置するクジラやイルカなどの哺乳類は、高濃度にＰＯＰｓを含んだ餌を日常的に口にしていることになる。

それだけでも問題だが、加えてＰＯＰｓが高濃度に吸着した海洋プラスチックを飲み込んでしまう機会が増えれば、より多くのＰＯＰｓが体内に蓄積されていく。

ＰＯＰｓが体内に高濃度に蓄積されると、免疫力が低下することがわかっている。その結果、感染症にかかりやすくなったり、発がんや内分泌機能の異常（甲状腺、副腎、下垂体から成長ホルモンや性ホルモンを正常に分泌できなくなる）などにもつながる可能性が示されている。

実際に、国内でストランディングした海の哺乳類のうち、ＰＯＰｓが体内に高濃度に蓄積した個体では、健康な個体では通常かからない感染症（日和見感染症）にかかっているものもいる。

とくに、子ども（幼体）のほうがＰＯＰｓの影響を強く受けやすい傾向がある。なぜなら、現在知られているＰＯＰｓのほとんどが脂に溶けやすいため、海の哺乳類の場合、脂質の多い母乳を介して、母親から子へ大量にＰＯＰｓが移行するためと考えられている。極端にいえば、毒の入った母乳を子どもに与えていることになる。

免疫システムが確立されていない幼体へ、大量の環境汚染物質が吸収されると、本来なら自分の免疫力で退治できる弱毒性の病原菌にも感染しやすくなり、死亡するリスクが増える。

皮肉なことに、子どもに乳を与えれば与えるほど、母親に蓄積したＰＯＰｓ量は減るのである。調査中ではあるが、幼体が単独でストランディングする背景には、おそらくＰＯＰｓの何らかの影響があるのではないかと、私は思っている。

また、ストランディングしたクジラやイルカは、もともと寄生虫の感染例が多く、肺、肝臓、腎臓、胃、腸、頭骨内など、さまざまな箇所で見られる。通常、寄生虫は宿主とうまく共存している。宿主を殺してしまうと、自分たちも共倒れになるからだ。

ところが、ＰＯＰｓが高濃度に蓄積すると、宿主の免疫機能が低下し、寄生虫による肺炎や肝炎が重症化することがある。これは国内のストランディング個体でも経験している。

ＰＯＰｓの影響については、その全貌を知りたくても、生物によって免疫システムが異なり、個体レベルでも免疫力に差があることから、現在のところすべてを明らかにするのは難しい。直接的な影響や関係を立証するには、もう少し時間がかかるだろう。

ＰＯＰｓの影響は、人間にとっても他人事ではない。陸上でも食物連鎖を介して、ＰＯＰｓは生物の体内に蓄積されていく。つまり、陸上の食物連鎖の頂点にいる人間も、クジラやイルカと同じように、高濃度にＰＯＰｓを含んだ食品を日々食べていることになる。

食品以外にも、私たちの身の周りには、ＰＯＰｓの由来となる化学物質を使ったものが数多くある。スマートフォンやパソコン、ゲーム機器などに使われている難燃剤はその代表といえよう。

もちろん、昨今では有害性に関する規制も厳しく、合法的な化学物質が使われていることは間違いない。過度な心配は不要だが、それがひとたび自然界に放出され、紫外線や高温などに晒(さら)されて変化するとどうなるのかはわからない。そうでなければ、ここまで環境汚染物質の問題は深刻化しないはずである。

むやみに恐怖心をあおるつもりはないが、一人一人が正しい知識を身につけて、自分の身を守ることがとても大切な時期にきていることは確かだ。

実際、国内の海岸にストランディングした海の哺乳類からは、POPsによる影響がいくつか見え始めている。イルカやクジラを継続的にモニタリングできれば、その成果は海洋生物のみならず、人間の健康にもつながる地球規模の汚染評価の指標となるだろう。

「胃は空っぽ」のクジラの謎

海洋プラスチックの中でも、直径5ミリメートル以下のプラスチック(マイクロプラスチック)片の影響は、これまで見過ごされてきた。世界的に見ても、その分布域や材質、有害性などについての把握が追いついていない。

しかし、私たちの調査では、国内でストランディングしたクジラやイルカから、直径5ミリメートル以下のプラスチックが発見された。POPsの一種（ポリ塩化ビフェニル、PCBs）も検出され、肺炎にかかった個体も確認されている。

POPsと肺炎の因果関係が立証されれば、世界的に研究・調査が一気に進むのは間違いない。

しかし、学術の世界では、因果関係の立証には再現性が必要となる。つまり、実際に一定数のクジラやイルカにPOPsを投与し、肺炎が発症することを証明しなければ、科学的根拠（エビデンス）としては認められない。当然、クジラやイルカに、そのような危険な実験を行えるはずがない。

そこで、ストランディング調査で得ら

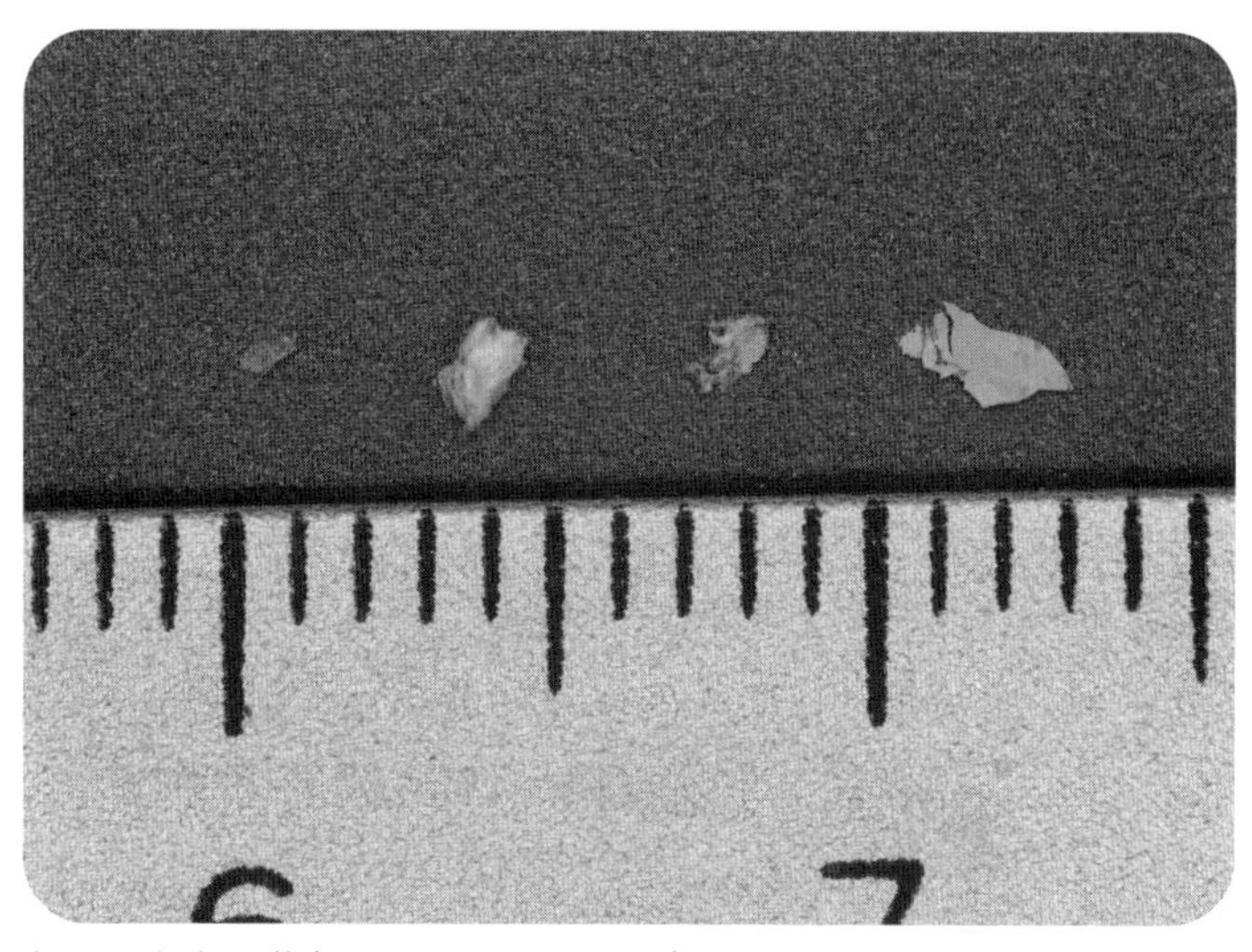

クロツチクジラの体内で見つかったマイクロプラスチック

れた事実を比較し、統計学的な有意差をもって相関性の有無を示す研究が世界的な定法となっている。

これまでＰＯＰｓは、前述したように食物連鎖を介して順次移行し、食物連鎖のトップに君臨する海の哺乳類の体内に常に高値で存在していることは紹介した。

しかし、海洋プラスチックからのＰＯＰｓが、生物の体内へ取り込まれる可能性があるというのはこれまで見落とされていた。

また、奇妙なことに、海洋プラスチックが発見される個体のほとんどは、胃の中が空っぽで餌が発見されない。通常は、餌生物の残渣であるイカのクチバシや魚の耳石、骨などが見つかることが多い。現在、私たちはそのこととＰＯＰｓとの関係性に全力で取り組んでいる。一人でも多くの人にこの事実を知ってもらいたいと願う。

海洋プラスチックは、ストランディングする海の哺乳類に限らず、他の生物の体内からも続々と発見されている。２０５０年には、海洋プラスチックの蓄積量が、魚の総量を上回るかもしれないという推計も報告されている。

それはすべて、私たち人間社会に責任がある。

現在、私たちは生活のあらゆる場面で、プラスチック製品を使用している。それにより、生活の利便性が高まり、快適な暮らしを送ることができているのは間違いない。

そんな人間社会の営みが、他の生物や環境を脅かす結果になっているとしたら、極論として、

「もう私たち人類が絶滅するしか解決法はないねえ」

と、周囲の研究者たちとよく話す。正直、そのくらい地球全体にとって大問題なのである。しかし、そうした問題の突破口を見つけ、他の生物と上手に共存できる明るい未来を切り開くことも、研究者の務めでもある。

私自身、快適な社会に慣れ過ぎている世代である。ただ、ストランディング個体から海洋プラスチックが発見されるたびに、このままではいけないと強く思わされる。環境汚染に対して、化学的・病理学的な側面から、解決の糸口を探っている途上である。

2021年3月、「プラスチックに係る資源循環の促進等に関する法律案」が閣議決定された。プラスチックごみの削減を目的として、使い捨てのストローやスプーンなどのプラスチック製品の無償提供の削減をコンビニエンスストアなどの事業者に要請するという。プラスチック製品の設計から販売、回収、リサイクルまで考慮した本法案は、2022年より施行予定とのこと。一歩前進だ。

人と野生動物が共存できる道とは

国立科学博物館では、2016年から「総合研究」と称し、5ヶ年計画五つのテーマの研究プロジェクトを実施してきた。その一つが「ミャンマーのインベントリー調査」で、私たち海の哺乳類チームも、海の哺乳類のインベントリー（ある地域に棲息する動植物の種類目録）を開拓するために参加していた。

2020年2月には、4回目となる調査で、私たちはミャンマーのエーヤワディー川をクルーズ船で遊覧していた。

いつも海にいる私が、なぜ最後に川の話をするかというと、もちろん、そこに海の哺乳類がいるからである。エーヤワディー川には、カワゴンドウというイルカの仲間が棲息している。

本来、海洋性の生物は、川（淡水）に長くいると、体の浸透圧の調整がうまくいかなくなって死んでしまう。イルカも同様である。しかし、カワゴンドウは、その名が示すように、淡水の川にも進化の過程で見事に適応し、現在は主に東南アジアの河川や河口近くに点在している。

カワゴンドウは、日本には棲息していないため、ストランディング事例もないが、絶滅危惧の種でもある。そのため、生きたカワゴンドウを見ることもこの旅の目的の一つであったが、メインは別にあった。

エーヤワディー川では、なんと、漁師とカワゴンドウが力を合わせて「魚を捕る」という伝統的な漁が行われているのである。その漁を記録するために、地元旅行会社主催のツアーに参加し、クルーズ船で現地へ向かったのだ。

漁師がイルカを捕るのではなく、漁師とイルカが協力して魚を捕るのである。これは驚きだ。世界的にも非常に稀な文化である。

カワゴンドウが船近くまで魚を追い込み、追い込みが終了すると、尾ビレを水面上で打ち振る。これを合図に漁師が網を水面へ広げ、追い込まれた魚を捕まえて、カワゴンドウはそのおこぼれをもらう、という流れである。

いろいろ調べてみると、カワゴンドウと一緒にこうした漁ができるようになるには、彼らと意思疎通ができるように訓練をしないといけないらしく、それには4〜5年かかるそうである。

ここで不思議なのは、なぜイルカが漁師に協力してくれるのか、である。漁師に協力しなくとも、イルカだけで魚を捕まえることは簡単である。漁師に協力すると、かえって餌の魚の多くを奪われてしまうではないか。だというのに、人間に協力しているカワゴンドウの姿に感動してしまった。

クルーズ船から見たエーヤワディー川周辺の風景はじつにのどかだったが、実際にはこの川も人間社会の影響で汚れ、餌となる魚が激減している。その結果、カワゴンドウは絶滅の危機に瀕しているのである。


本書の冒頭でお話ししたように、日本では年間300件にも及ぶ海の哺乳類のストランディング報告がある。現場で調査しているときにいつも思う。この個体はなぜ死ななければならなかったのか、その原因に私たちの生活は影響しているのか、影響しているとすればどういう対策を取るべきなのか、と。

その答えを見つけるためにも、一つでも多くのストランディング個体について、これからも調査・研究していくしかないのだろう。そして、博物館という場所で、彼らからのメッセージを研究成果や標本として発信し続けていれば、いつかその答えの一端が見つかるのかもしれない。

静岡県牧之原の海岸に打ち上がったハナゴンドウとバケツで海水を汲みに行く私

おわりに

今回、初めて一般向けに単著を発刊する機会をいただいた。私の経験や活動が、一般の方にどれほど興味深く、楽しいものとして受け入れてもらえるのか、正直なところ一抹(いちまつ)の不安を拭いきれないままのスタートだった。

執筆途中で何度もくじけそうになったが、その度に、編集担当の綿さんや博物館スタッフに励まされ、デザイナーの佐藤亜沙美さんからは素晴らしい装丁デザインを頂戴し、どんどんその気にさせていただいた。また、芦野公平さんのイラストは、私の堅めになりがちな文章の雰囲気をやわらげ、実にフレンドリーな本にしてくださった。

いつも調査や研究で国内外を飛び回っている私であるが、世界中で未曾有の感染症が蔓延したこの時期に、本書の執筆依頼が来たことは、偶然という名の必然だったのか、とそのタイミングに驚いた。おそらく、通常の生活スタイルであれば、本書を完成させることは難しかっただろう。

この本を読んでいただいて、改めて海の哺乳類の面白さや素晴らしさを感じていただいただけたなら、執筆の苦労など一瞬で吹き飛ぶくらい、とても嬉しいことだ。

＊

本書では、私がこの業界に入ったきっかけを少々格好よく紹介しているけれど、実は裏のストーリーがある。高校時代、多感な時期だったせいもあって人間関係に疲れてしまった私は（今思い返してみると、たいしたことではないのだが）、将来は、小さい頃から好きだった動物に携わる職業に就けば、人と接する機会が少なくて済むのではないか？と思った。それが、獣医大学を目指したきっかけだ。

しかし、動物と関わる世界も当たり前だがそんな単純なものではなく、獣医が関わる動物のうち、大半を占めるのはペットなどの愛玩動物やウマやウシ、ニワトリなどの産業動物、使役動物だった。つまり、必ずその動物の所有者である人間と接触しなければならない。

そのことに大学在学中に気づいてしまった私は、また進路を決められなくなった。悶々（もんもん）と悩む日々の中で、それなら野生動物を対象にすれば、人と接触する機会は少ないだろう！と、また短絡的に考えたのである。

一言に野生動物といっても対象は広く、具体的にどんな職業があるのかもわからない。とりあえず、図書館で関連する本を読みあさっていたところ、水口博也さんの

『オルカ 海の王シャチと風の物語』という小説に出合い、野生のシャチの大きく美しい姿に心をつかまれた。そのことがきっかけで、学部時代にカナダのバンクーバーを訪れ、シャチ（オルカ）をはじめとして海の哺乳類にどんどん魅了され、この世界で生きて行くことを決意したのである。

しかし今回、本書を執筆していて気づいたのは、人間関係がどちらかというと不得手だった（と思っていた）私が、人生の要所要所で本当に多くの方に支えられ、刺激されて、今日まで歩んでこられたということだ。

人は人にいろいろなかたちで支えられている。時々は、こんな私でも誰かの支えになれているのかもしれない。そう思うと、人間社会も悪くないじゃない、などと偉そうにも思えるようになった。

国立科学博物館の研究員として、仲間と力を合わせてさまざまなプロジェクトに取り組み、大勢の方の前でお話しする機会をいただいたり、本も出すことができた。

高校時代の自分が今の私を見たら、さぞかしびっくりするだろう。

人生は本当にどう転ぶかわからない。

ここまでたどりつくには遠回りも挫折もたくさんあったが、家族、友人、恋人、知人など多くの人の支えがあったからこそ、そして何より動物たちの素晴らしさにふれられたからこそ、さまざまなことを乗り越えてこられたのだと実感する。

いつも私たちの学術調査に快く協力してくださる自治体のみなさん、個体の回収を助けてくれるダイバーさん、サーファーさんや重機の技術者さん、そして調査や標本回収に一丸となって取り組んでくださる全国の研究機関やすべての関係者のみなさんに、この場をお借りして心から感謝申し上げる。

＊

これからも私は、現場で海の哺乳類と向き合っていきたい。

どうして打ち上がってしまったの？　なぜ、死んでしまったの？

いつも彼らからのメッセージを聞き逃すまいと細心の注意を払うけれど、解明できないことも多く、そんなときはもどかしさだけが残る。

それでも、海岸にストランディング個体が発見されたら、明日も明後日も現場に向かおうと思う。

その答えを一番知りたいのは、ほかでもない私自身なのだから……。

２０２１年６月　田島木綿子

参考文献

■田島木綿子, 山田格総監修 . 2021. 海棲哺乳類大全 彼らの体と生き方に迫る . 緑書房 .

■ N. A. Mackintosh 著 . 1965. The stocks of whales, The Fisherman's Library. Fishing News.

■ Horst Erich König, Hans Georg Liebich 著. カラーアトラス獣医解剖学編集委員会監訳 . 2008. カラーアトラス 獣医解剖学 上・下巻. チクサン出版社.

■ Eeik Jarvick 著. 1980. Basic structure and evolution of vertebrates / Vol.1. Academic Press.

■山田格. 1990. 脊椎動物四肢の変遷 −四肢の確立−. 化石研究会会誌 23:10-18.

■Alfred Sherwood Romer, Thomas Sturges Parsons 著. 1977. The vertebrate body, 5th edition. University of Chicago press.

■ Sluper, E. J. 1961. Locomotion and locomotory organs in whales and dolphins. Cetacea. Symposia of the Zoological Society of London 5:77-94.

■山田格, 伊藤春香, 高倉ひろか. 1998. イルカ・クジラの解剖学 −これからの領域− . 月刊海洋 30:524-529.

■ William Henry Flower 著. 1885. An Introduction to the Osteology of the Mammalia. Macmillan and co.

■Cuvier, G. 1823. 3. Sur les ossements fossiles des Mammifères marins. 5:273-400. Dufour et d'Ocagne, Paris.

■田島木綿子, 今井理衣, 福岡秀雄, 山田格, 林良博. 2003. スナメリ Neophocaena phocaenoides の骨盤周囲形態に関する比較解剖学的研究 . 哺乳類科学 3:71-74.

■ Parry, D. A. 1949. The anatomical basis of swimming in Whales. Proceedings of the Zoological Society of London. 119:49-60.

■粕谷俊雄著. 2011. イルカ 小型鯨類の保全生物学. 東京大学出版会.

■ Bernd Würsig, J. G. M. Thewissen, Kit M. Kovacs 編. 2017. Encyclopedia of Marine Mammals, 3rd edition. Academic Press.

■Annalisa Berta, James Sumich, Kit Kovacs 著. 2015. Marine Mammals: Evolutionary Biology, 3rd edition. Academic Press.

■ Wolman AA. 1985. 3. Gray whale Eschrichtius robustus (Lilljeborg, 1861). pp.67-90. In: Sam H. Ridgway, Sir Richard Harrison 編. Handbook of Marine Mammals / Vol.3. Academic press.

■Jones ML and Swarts SL. 2002. Gray whale Eschrichtius robustus. pp.524-536. In: William F. Perrin, Bernd Würsig, J.G.M. Thewissen 編 . Encyclopedia of Marine Mammals. Academic Press.

■山田格. 1998. 1996年春のメソプロドン漂着. 日本海セトロジー研究（Nihonkai Cetology）8:11-14.
■山田格 . 1997. 日本海沿岸地域への鯨類漂着の状況 −特にオウギハクジラについて−. 国際海洋生物研究所報告 7:9-19.
■山田格. 1993. 漂着クジラデータベースの概要 . 日本海セトロジー研究（Nihonkai Cetology）3:43-44.
■角田恒雄, 山田格 . 2003. 日本海沿岸各地に漂着したオウギハクジラ（Mesoplodon stejnegeri）の遺伝的多様性について. 哺乳類科学 増刊号 3:93-96.
■Kazumi Arai, Tadasu K. Yamada, Yoshiro Takano. 2004. Age estimation of male Stejneger's beaked whales (Mesoplodon stejnegeri) based on counting of growth layers in tooth cementum. Mammal Study 29:125-136.
■ Yuko Tajima, Yoshihiro Hayashi, Tadasu K. Yamada. 2004. Comparative anatomical study on the relationships between the vestigial pelvic bones and the surrounding structures of finless porpoises (Neophocaena phocaenoides). Japanese Jounrnal of Veterinary Medicine 66(7): 761-766.
■Yuko Tajima, Kaori Maeda, and Tadasu K. Yamada. 2015. Pathological findings and probable causes of the death of Stejneger's beaked whales (Mesoplodon stejnegeri) stranded in Japan from 1999 to 2011. Journal of Veterinary Medical Science 77(1): 45-51.
■Yota Yamabe, Yukina Kawagoe, Kotone Okuno, Mao Inoue, Kanako Chikaoka, Daijiro Ueda, Yuko Tajima, Tadasu K. Yamada, Yoshito Kakihara, Takashi Hara, Tsutomu Sato. 2020. Construction of an artificial system for ambrein biosynthesis and investigation of some biological activities of ambrein. Scientific Reports 2020 Nov 10(1):19643. doi: 10.1038/s41598-020-76624-y.
■Beibei He, Ashantha Goonetilleke, Godwin A. Ayoko, Llew Rintoul. 2020. Abundance, distribution patterns, and identification of microplastics in Brisbane River sediments, Australia. Science of The Total Environment Jan 15;700:134467. doi: 10.1016/j.scitotenv.2019.134467.
■ Costanza Scopetani, David Chelazzi, Alessandra Cincinelli, Maranda Esterhuizen-Londt. 2019. Correction to: Assessment of microplastic pollution: occurrence and characterisation in Vesijärvi lake and Pikku Vesijärvi pond, Finland. Environmental Monitoring and Assessment Dec 10;192(1):28. doi: 10.1007/s10661-019-7964-4.
■Tadasu K. Yamada, Shino Kitamura, Syuiti Abe, Yuko Tajima, Ayaka Matsuda, James G. Mead, Takashi F. Matsuishi. 2019. Description of a new species of beaked whale (Berardius) found in the North Pacific. Scientific Reports 2019 Aug 30;9(1):12723. doi:10.1038/s41598-019-46703-w.

ストランディングの連絡先

ストランディングネットワーク北海道
https://kujira110.com/

ストランディングネットワーク茨城県
アクアワールド茨城県大洗水族館
https://www.aquaworld-oarai.com/
代表電話：029-267-5151

国立科学博物館・筑波研究施設
代表電話：029-853-8901

神奈川ストランディングネットワーク
新江ノ島水族館
https://www.enosui.com/
代表電話：0466-29-9960

神奈川県立生命の星・地球博物館
https://nh.kanagawa-museum.jp/
代表電話：0465-21-1515

伊勢・三河湾におけるストランディング調査ネットワーク
三重大学生物資源学部・生物資源学研究科
https://www.bio.mie-u.ac.jp/
代表電話：059-231-9626

NPO法人宮崎くじら研究会
https://sites.google.com/site/miyazakicetology/

著者略歴

田島木綿子（たじま・ゆうこ）

国立科学博物館動物研究部脊椎動物研究グループ研究主幹。筑波大学大学院生命環境科学研究科准教授。博士（獣医学）。1971年生まれ。日本獣医生命科学大学（旧日本獣医畜産大学）獣医学科卒業。学部時代にカナダのバンクーバーで出合った野生のオルカ（シャチ）に魅了され、海の哺乳類の研究者として生きていくと心に決める。東京大学大学院農学生命科学研究科にて博士号取得後、同研究科の特定研究員を経て、2005年からアメリカのMarine Mammal Commissionの招聘研究員としてテキサス大学医学部とThe Marine Mammal Centerに在籍。2006年に国立科学博物館動物研究部支援研究員を経て、現職に至る。獣医病理学の知見を生かして海の哺乳類のストランディング個体の解剖調査や博物館の標本化作業で日本中を飛び回っている。雑誌の寄稿や監修のほか、率直で明るいキャラクターにテレビ出演や講演の依頼も多い。総監修に『海棲哺乳類大全』（緑書房）、共著に『イルカの解剖学』（NTS出版）、『続イルカ・クジラ学』（東海大学出版部）がある。

イラストレーション　芦野公平
ブックデザイン　佐藤亜沙美
DTP　宇田川由美子
校正　神保幸恵
編集協力　小林みゆき
編集　綿ゆり（山と溪谷社）

海獣学者、クジラを解剖する。
海の哺乳類の死体が教えてくれること

2021年　8月　5日 初版第1刷発行
2023年 10月 20日 初版第9刷発行

著　者　田島木綿子
発行人　川崎深雪
発行所　株式会社山と溪谷社
〒101-0051
東京都千代田区神田神保町1丁目105番地
https://www.yamakei.co.jp/

■乱丁・落丁、及び内容に関するお問合せ先
山と溪谷社自動応答サービス
TEL.　03-6744-1900
受付時間／11:00〜16:00（土日、祝日を除く）
メールもご利用ください。
【乱丁・落丁】service@yamakei.co.jp
【内容】info@yamakei.co.jp
■書店・取次様からのご注文先
山と溪谷社受注センター
TEL.　048-458-3455
FAX.　048-421-0513
■書店・取次様からのご注文以外のお問合せ先
eigyo@yamakei.co.jp

印刷・製本　図書印刷株式会社

定価はカバーに表示してあります

Printed in Japan
ISBN978-4-635-06295-4